职业教育机电类专业系列教材

机械工安全知识读本

第2版

主　编　胡桂兰　徐晓光
副主编　郭丽华　马林刚
参　编　徐红燕　杨浩亮
　　　　厉云聪　胡可望
　　　　周美巧　王　慧
主　审　朱孝平　孙明礼

机 械 工 业 出 版 社

本书以机械行业相关专业工种的安全生产知识为逻辑主线进行编写。全书共九章，主要内容包括机械设备安全用电知识，普通机床加工（包括车、钻、镗、铣、刨、磨、抛光）、数控机床加工、冲压、钳工、焊接、铸造、锻造以及智能制造安全生产知识。书中配有相关的教学视频，可通过扫描书中二维码观看。书中附录部分有综合练习及答案，可供职业院校学生或企业职工培训过关考试用，另还附有安全警句、使用车床安全歌及学生实习安全守则。

本书通过多种渠道收集了许多安全生产事故案例，并对案例进行了深入的分析，这是本书的最大特色。

本书可作为职业院校机电、数控以及相关专业学生的安全教育教材，也可作为企业培训部门对企业职工进行安全生产培训的教材及职业院校学生和企业职工自学用书。

图书在版编目（CIP）数据

机械工安全知识读本/胡桂兰，徐晓光主编．—2 版．—北京：机械工业出版社，2020.6（2023.1 重印）

职业教育机电类专业系列教材

ISBN 978-7-111-65556-5

Ⅰ.①机… Ⅱ.①胡… ②徐… Ⅲ.①机械工程－安全技术－职业教育－教材 Ⅳ.①TH188

中国版本图书馆 CIP 数据核字（2020）第 075427 号

机械工业出版社（北京市百万庄大街 22 号 邮政编码 100037）
策划编辑：汪光灿　　责任编辑：汪光灿　赵文婕
责任校对：王　欣　张　薇　封面设计：张　静
责任印制：郜　敏
中煤（北京）印务有限公司印刷
2023 年 1 月第 2 版第 2 次印刷
184mm×260mm · 11 印张 · 235 千字
标准书号：ISBN 978-7-111-65556-5
定价：35.00 元

电话服务	网络服务
客服电话：010-88361066	机　工　官　网：www.cmpbook.com
010-88379833	机　工　官　博：weibo.com/cmp1952
010-68326294	金　　书　　网：www.golden-book.com
封底无防伪标均为盗版	机工教育服务网：www.cmpedu.com

职业教育机电类专业系列教材

编　委　会

第2版前言

本书第1版自2010年出版以来，在全国职业教育院校的机械类专业安全教学中发挥了重要作用，并深受广大师生的欢迎。为了适应新形势的发展，需要进一步增强企业职工和职业院校学生的安全生产意识，更加体现“必修课程”的作用，我们对本书进行了修订。本次修订保留了第1版的编写风格和体系，主要在以下几个方面进行了完善。

1）结合信息化教学技术，为书中主要知识点新增了视频、动画等数字化资源。师生在教与学的过程中，可通过手机、PAD等移动终端设备直接扫描二维码，获取相关的数字化学习资源，丰富教学手段，提高教学质量。

2）新增了智能制造安全生产知识，主要是现代企业广泛应用的工业机器人、自动化生产线方面的安全生产知识。

3）对书中的部分案例进行了更新，新增了反映企业在转型升级过程中机械工安全操作方面容易造成的安全伤害事故及部分事故调查报告，可对企业职工和职业院校学生有更大的警示作用。

本书由胡桂兰、徐晓光担任主编，郭丽华、马林刚担任副主编。浙江省永康市职业技术学校的徐红燕、杨浩亮、厉云聪、胡可望、周美巧、王慧参与了部分内容的修改和教学资源的开发。

在本书修订过程中，朱孝平、孙明礼等老师提出了宝贵的意见和建议，在此一并表示感谢。

本次修订虽有改进和完善，但由于本书对原有的教材进行了升级，首次以数字化立体教材为切入点进行了全面解构和重组，是一次突破性的创新改革尝试，难免有不当之处，恳请本书的使用者提出批评意见和修改建议，以便继续完善。

编　者

第1版前言

安全是人类最重要、最基本的需求，安全生产工作关系到人民群众的生命财产安全，机械工业是我国经济发展的重要组成部分，随着我国机械行业发展越来越快，对相关职业技术人员的安全培训教育显得至关重要。

综观近几年机械行业各类事故的发生，其中一条重要的共同原因就是员工安全生产意识淡薄和安全知识缺乏。现阶段职业院校该专业的安全教育和相关行业员工的安全培训没有较为合适、系统的教材，大部分采用自编教材或企业安全规程进行培训。为了增强职业院校学生和企业职工的安全生产意识，贯彻落实“安全第一，预防为主”的方针，做到“不伤害自己、不伤害别人、不被别人伤害”，《机械工安全知识读本》教材编写组在永康市职业技术学校华康清校长的支持和帮助下，联系了永康市安全生产监督局、永康市劳动局以及一些规模企业，在永康市安监局和永康市劳动局领导的帮助和支持下，收集了大量来自企业的安全生产事故的案例和机械设备的安全操作规程以及相关工种的安全生产知识，编写了本教材。为了丰富本教材的内容，增加教材的知识性、可读性和实用性，本书编写组还通过网络、新华书店、高等院校、医疗机构、学校实训车间等多种渠道收集案例，大量的案例及其深入的分析相结合是本教材的亮点。

根据教育部现阶段技能型人才的培养培训方案的指导思想和最新的教学计划，本书根据机械行业相关专业工种的安全生产知识为逻辑主线进行编写，可作为职业技术院校机电、数控以及相关专业学生的安全教育教材，也适用于工厂企业培训部门对企业工人进行安全生产培训及职业院校学生和企业工人进行机械安全生产知识自学用书。书中附录部分有综合练习及其答案，可作为职业院校学生和培训职工过关考试用。

本书由胡桂兰、徐晓光编，由浙江省金华市教育局教研室特级教师朱孝平和浙江师范大学孙明礼主审。为保证本教材的实用性，永康市职业技术学校各实训车间的负责人参与了审编。编委有应广洪、吕兴昌、吕华福、王金虎、李思达、程弘熙、楼红成、黄挺、颜征天。

本书编写过程得到了华东师范大学钱景舫教授，江山职业中专周达飞老师，永康市安全生产监督局华晓慧主任，永康市劳动局赵跃雄、程华锦、周美玲、屠作能、章建国等同志，永康市职业技术学校领导华康清、章春归、夏其明、卢晓宁、程宝山、蔡爱媚等同志的帮助和支持，在此一并深表谢意。

由于编者水平有限，书中的疏漏及不足之处在所难免，恳请广大读者不吝赐教。

编　者

目　录

第一章 机械设备安全用电知识

第一节 常见的触电事故及其预防

随着科学技术的发展，无论是工农业生产，还是日常生活，人们对用电的需求越来越广泛。从事机械设备操作和维修的人员，必须懂得安全用电常识，避免触电事故的发生，以保证人身和机械设备的安全。

一、常见触电事故

触电事故的原因

1. 变配电装置引起的触电

引起这类触电事故主要有以下原因：

（1）检查或拆修变配电装置时，没有切断电源。

（2）已切断电源开关，但未派专人监护，导致误送电。

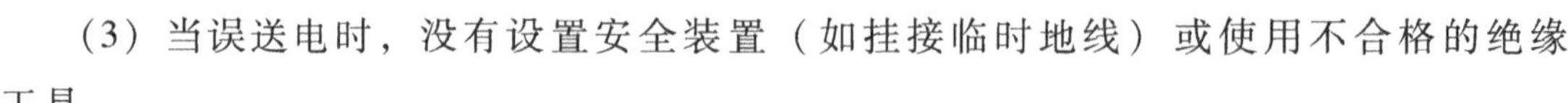

（3）当误送电时，没有设置安全装置（如挂接临时地线）或使用不合格的绝缘工具。

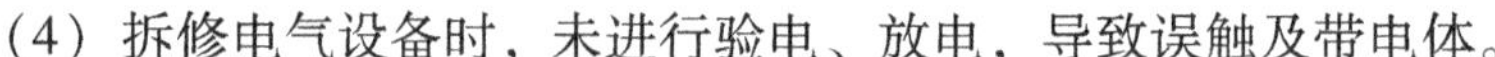

（4）拆修电气设备时，未进行验电、放电，导致误触及带电体。

【案例 1-1】违章检修退火炉引发的触电事故

［事故经过］

某日下午，衢州市某公司发生一起触电事故。朱某系该公司检修班员工，在为某公司检修 10t 铝材退火炉时发生触电，当时某公司安排该炉操作工应某配合检修，负责电源和照明等。

［事故原因］

1）应某没有掌握本职工作必须具备的安全生产知识和安全生产技能。在检修退火炉的过程中，应某没有把控制柜的电源开关切断，应某应对本次事故的发生负主要责任。

2）朱某在不了解退火炉内部结构，特别是炉内安全状况的情况下盲目作业，由于操作不当使控制柜的晶闸管发生击穿故障，使炉内电热元件处于带电状态，其手部触及带电元件发生触电，因此对本次事故的发生负次要责任。

3）某公司未组织制订本单位重要设备 10t 铝材退火炉的操作规程，在退火炉检修时未安排符合要求的电工配合修理工作，对本次事故负重要责任。

2. 架空线路引起的触电

引起这类触电事故主要有以下原因：

（1）检修作业时未切断电源。

（2）已切断电源，但未挂警示牌或派专人监护，导致误送电。

（3）高空作业时误触及带电线路。

【案例 1-2】违章安装管路引发的触电事故

[事故经过]

某市第一砂轮厂在蒸汽冷凝水回收利用项目施工中，需将铁管从高层房屋里向外伸出，在距房屋墙外 2.1m 处有一根 10000V 的高压线，属于登高、要害部位作业。穿管时，由于铁管比较长，管由 6 人抬送，但在室内外未派人监工，使铁管伸出墙外过长，触碰高压线，导致 6 名工人触电。

[事故原因]

1）该工程没有办理登高、要害部位作业审批手续。

2）没有制订安全组织措施，没有指定安全负责人。

3）负责施工的管理员失职，脱离工作岗位。

3. 室内或室外低压线路引起的触电

引起这类触电事故主要有以下原因：

（1）线路架设高度不够。

（2）线路陈旧，电线绝缘老化。

（3）带电操作时没有可靠的安全技术措施或电工误操作。

（4）现场环境差，带电线路周围有水或其他导电体。

【案例 1-3】电源绝缘线老化引发的触电事故

[事故经过]

某工厂电子设备车间里，2 名水暖工准备安装设备。此时，在车间的地面上有一大堆零乱的导线，其中一些导线有多个接头且绝缘胶布已老化失效。水暖工李某为了方便，在拉导线时没有把临时电源线架起来，也没有把电源断开，由于作业现场潮湿且部分地方有积水，李某在拉导线过程中突然触电，摔倒在地。王某立该断电并对李某采取急救措施后将其送往医院。

[事故原因]

1）工厂负责人安全管理不到位，对员工安全教育不够，负主要责任。

2）临时电源线没有架起来，30m 电源线有 6 个接头，绝缘胶布已老化失效，致使铜导线裸露。这是导致李某触电的主要原因。

3）操作工人安全观念淡薄，移动导线时没有断开电源。这是导致李某触电的直接原因。

4. 电缆线路引起的触电

引起这类触电事故主要有以下原因：

（1）带电拆装或移动电缆。

（2）电缆绝缘性能降低或受损。

(3) 已切断电源，但未挂警示牌或派专人监护，导致误送电。

(4) 作业现场环境潮湿。

【案例1-4】仪器绝缘失效引发的触电事故

[事故经过]

某日，某公司金工车间工人周某在操作车床加工零件，孙某在做转子电路测试。上午8时30分许，当周某转身去拿产品时，发现孙某两手握着短路测试仪探针导线触电倒地。

[事故原因]

1) 孙某未戴绝缘手套违规冒险操作，导致触电。

2) 短路测试仪探针导线绝缘破损，致使绝缘失效。

3) 公司负责人未建立本单位安全生产责任制，未及时消除生产安全事故隐患。

4) 公司对工人的安全教育培训不够，员工安全意识淡薄，没有在有较大危险因素的生产经营场所和设备上设置明显的安全警示标志。

5. 低压电器引起的触电

引起这类触电事故主要有以下原因：

(1) 绝缘部件（如外壳、电缆线等）破损。

(2) 带电修理或更换内部器件。

(3) 操作不规范，检修时没有防护措施，也未进行验电、接地线等工作。

(4) 电器周围环境潮湿。

【案例1-5】未切断电源安装警示灯引发的触电事故

[事故经过]

某日，某装饰公司对某大厦进行验收时发现大厦九层走廊没有安装“安全出口”警示标志灯。公司工程部经理要求电气安装班班长黄某安装警示标志灯，黄某安排应某安装。两日后，应某同另外一名电工一起去安装“安全出口”警示标志灯，在没有切断电源的情况下，用双手直接去接电线导致触电。

[事故原因]

1) 应某无特种作业操作证，其忽视安全，违规冒险带电作业，导致触电。

2) 公司负责人安全管理不到位，未按规定严格执行特种作业的安全生产规章制度和安全操作规程。

3) 黄某违章指挥无特种作业操作证人员进行电气线路安装。

6. 照明装置引起的触电

引起这类触电事故主要有以下原因：

(1) 照明装置安装的高度不够。

（2）线路陈旧，绝缘老化。

（3）带电或湿手更换或修理照明装置。

（4）私拉乱接照明装置。

【案例 1-6】私拉乱接引发的触电事故

［事故经过］

某日晚，唐某和吕某按照某施工队负责人王某的安排加班，对白天未完成的某公司厂房东侧空地进行浇铺水泥硬化路面作业。20 点 30 分左右，唐某将电接到王某提供的配电箱（漏电断路器已无效）后，再接通照明用的“小太阳”时引起触电。

［事故原因］

1）唐某安全意识淡薄，无电工操作证，违规冒险操作。

2）配电箱上的漏电断路器已失效。

3）公司对工人安全教育培训不够。

4）公司未及时消除安全隐患。

［对策措施］

1）非电工不能违规冒险操作。

2）应安装有效的漏电断路器。

3）公司应加强对员工的安全操作规程培训，由电工安装照明装置。

7. 电焊设备引发的触电

引起这类触电事故主要有以下原因：

（1）电焊机的空载电压较高，超过了安全电压。

（2）电焊机接线错误或一次、二次绕组反接。

（3）电缆绝缘老化失效。

（4）电焊机漏电。

（5）电焊工在进行焊接操作时未穿绝缘鞋。

【案例 1-7】手触焊钳口引发的触电事故

［事故经过］

某船厂有一名女电焊工在船舱内焊接，因舱内温度高，加之通风不良，身上大量出汗将工作服和皮手套湿透。女电焊工在更换焊条时，触及焊钳口引发触电事故。

［事故原因］

1）电焊机的空载电压超过了安全电压。

2）电焊工大量出汗，使人体电阻降低，触电危险性增大。

3）工厂负责人安全管理不到位，在船舱内焊接时未派人在外面监护，导致焊工触电后未能及时发现。

[对策措施]

1）在船舱内焊接时，要设通风装置，使空气对流。

2）在舱内工作时要设监护人，随时注意电焊工动态，遇危险征兆时，立即拉闸进行抢救。

8. 起重机和行车引起的触电

引起这类触电事故主要有以下原因：

（1）带电修理起重机或行车。

（2）绝缘部件老化或破损。

（3）误触及带电部位。

（4）现场环境潮湿。

9. 特殊环境内引起的触电

引起这类触电事故主要有以下原因：

（1）在锅炉、金属容器、烟道、井道、电缆隧道、金属结构等特殊环境内作业使用安全电压有误。

（2）接线错误或接地不良。

（3）绝缘损坏。

（4）现场环境潮湿。

10. 移动电器引发的触电

引起这类触电事故主要有以下原因：

（1）电器绝缘破损。

（2）带电移动电器。

（3）电器周围环境潮湿。

【案例1-8】带电移动电器引发的触电事故

[事故经过]

某日，某公司张某在滚筒车间操作滚筒机作业。20点40分左右，张某来到磷化车间，将磷化车间门口的落地式排风扇移过来，不料排风扇漏电导致壳体带电，使张某在移动排风扇的过程中触电。

[事故原因]

1）排风扇漏电是导致张某触电的主要原因。

2）张某安全意识淡薄，带电移动电器。

3）公司安全用电管理不到位，对职工安全生产教育不够。

[对策措施]

1）不能带电移动电器。

2）提高职工用电安全意识。

3）公司应加强安全用电管理，经常检查用电设备的安全隐患。

二、触电事故的预防

1. 电工需经培训合格，持证上岗

电工操作属特种作业，必须加强电工上岗前的管理培训，考核合格者，方可持证上岗。建立健全安全工作规程和制度，并严格执行。

【案例 1-9】非电工私自接线引发的触电事故

[事故经过]

某小预制厂的班长对陈某说，等一会接电源时去找电工。但陈某没有找电工，而是私自给铁质移动式电源箱接线。当陈某一手扶电源箱壳体，一手插振捣器插头时，因箱体带电，陈某触电跌倒。

[事故原因]

1）陈某不听班长指挥，违章作业，非电工私自接线，把从铁壳电源线上引出的零线错误地接到相线上，造成铁质移动式电源箱外壳带电，是事故发生的直接原因。

2）工厂对陈某安全教育不够，要求不严，是事故发生的原因之一。

[对策措施]

1）严格施工用电管理，非电工人员不得从事电气作业。

2）企业要加强员工安全思想教育和劳动纪律教育。

3）严格遵守有关安全规程和正确执行操作规程。

2. 无特殊情况，严禁带电作业

车间内的电气设备，不得随便移动。如果移动电风扇、照明灯和电焊机等非固定安装的电气设备时，必须切断电源。如果电气设备发生故障，不得擅自修理，应请电工进行修理，更不能带故障运行。

【案例 1-10】带电移动电风扇引发的触电事故

[事故经过]

某市某公司机修工任某在制冷车间搬动一台电风扇时发生触电事故。

[事故原因]

1）电风扇外壳带电，电路上未安装漏电断路器。

2）职工任某忽视安全，违规操作，带电移动电风扇。

3）企业负责人未督促、检查本单位的安全生产工作，未及时消除生产安全事故隐患，未对从业人员进行安全生产教育和培训。

[对策措施]

1）遵守用电操作规程，不带电移动电气设备。

2）应及时消除安全隐患。

3）加强对从业人员安全生产教育和培训。

3. 保证电气设备安全可靠

配电箱、配电板、刀开关、电源开关、插座以及导线等，必须保持完好，安全可靠，不得有破损或带电部分裸露现象。图 1-1 所示刀开关未盖好易发生触电事故。

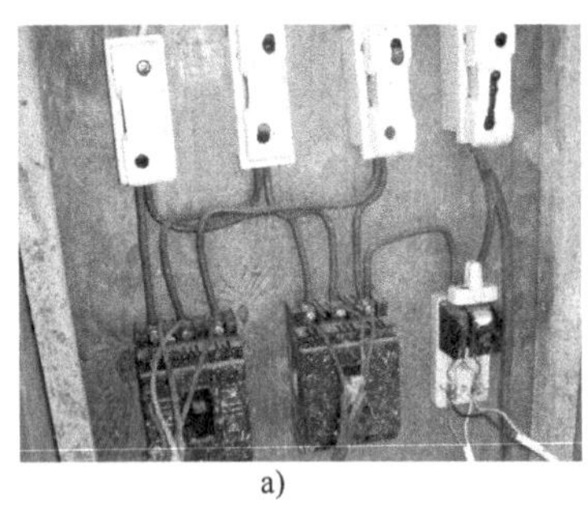

a)

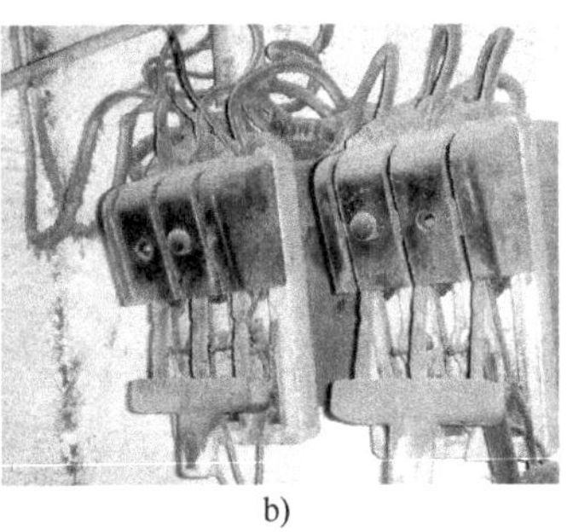

b)

图 1-1　刀开关未盖好易发生触电事故

【案例 1-11】移动破损的接线板引发的触电事故

［事故经过］

某铸造厂计划于某日凌晨开炉，雷某独自一人去点炉，因炉火需要鼓风，雷某便拿了一个自己使用保管的移动接线板从车间柱子固定插座上引出电源，在手拿移动接线板时发生触电。

经现场勘察，该厂的总漏电断路器失灵，柱子上的电源插座无漏电保护装置，也没有接地，使用的移动接线板边角破损，插头为两相插头，电线为花线，并且花线已断开，断开处包有绝缘胶布，花线和移动接线板均已被水浸湿。

［事故原因］

1）雷某安全意识淡薄，使用不符合国家标准的电线、插头，未及时消除用电器存在破损漏电的隐患，带电移动接线板。

2）铸造厂用电设施缺少安全防护装置，未按规定对从业人员进行安全生产教育和培训。

3）企业负责人未认真履行安全管理职责，未按规定配备专职电工，未检查本单位安全生产工作，未能及时发现并消除用电安全隐患。

4. 装设保护接地装置

电气设备的外壳应按有关安全规程进行可靠接地或保护接零，其原理是通过接地把漏电设备的对地电压限制在安全范围内，防止发生触电事故。

【案例 1-12】违反电力安装规则引发的触电事故

［事故经过］

瑞安市某企业因车间停电，故利用自备发电机组进行供电，该发电机组与零线没有接地。该企业五金车间仪表车床操作工洪某突然扑倒在车床上，由于车间噪声较大，加上周围的操作工都在专心操作，一时没人注意。几分钟之后，洪某右边的操作工赵某发现洪某扑倒在车床上，而车床还在运转，赵某赶紧过来把洪某的车床关掉。及时给洪某做心肺复苏，并拨打急救电话，将洪某送到医院。

[事故原因]

1）该企业严重违反了电力安装规则，发电机组与零线不接地，使车间内用电系统零线产生非零电位，导致职工洪某触电。

2）该企业安全管理制度不健全，安全措施不到位，职工缺乏安全用电意识，有些职工发现在使用自备电时机床带电，但没有及时向负责人报告，也是导致事故发生的原因。

[对策措施]

1）企业应健全安全管理制度，安全措施应到位，加强职工安全用电知识。

2）发电机与零线应接地。

5. 正确使用电动工具

使用手电钻、角向磨光机等手持电动工具时，必须做到以下几点：

（1）安装漏电保护器，同时电动工具的金属外壳应防护接地或接零。

（2）若使用单相手持电动工具时，其插座、导线等应符合单相三线的要求；使用三相的手持电动工具，其插座、导线等应符合三相四线的要求。

（3）操作时应戴好绝缘手套，穿好绝缘鞋并站在绝缘板上，严禁戴纱手套。

（4）不得将工件等重物压在导线上，以防止轧断导线发生触电。

（5）使用的行灯要有良好的绝缘手柄和金属护罩。

6. 严格遵守安全操作规程

电工在进行作业时，遇到不清楚或不懂的事情，切不可不懂装懂，盲目乱动。

【案例 1-13】违规检修电焊机引发的触电事故

[事故经过]

某电厂检修班员工刁某带领张某检修 380V 直流电焊机。电焊机经检修后，通电试验良好，刁某将电焊机电源开关断开，但没有将刀开关断开。刁某安排张某拆除电焊机接线。刁某蹲着身子拆除电焊机电源线中间接头时发生触电事故。

[事故原因]

1）刁某安全意识淡薄，工作前未进行安全风险分析，在拆除电焊机电源线中间接头时，未检查确认电焊机电源状态，在电源线带电又无绝缘防护的情况下作业。刁某违章作业是此次事故的直接原因。

2）张某在工作中未有效的进行安全监督和提醒，未及时制止刁某的违章行为，是此次事故的原因之一。

3）公司负责人对“安全第一，预防为主”的安全生产方针认识不足，存在“轻安全、重经营”的思想，负有直接管理责任。

［对策措施］

1）企业应加强对现场工作人员执行安全规章制度的监督和落实，杜绝违章行为的发生。

2）员工之间要互相监督，严格执行企业的安全规章制度，完善设备停送电制度，制订设备停送电检查卡。

3）所有电工工作必须执行安全风险分析制度，并填写安全分析卡。

4）对不具备本职岗位所需安全素质的人员，应进行培训或转岗。

【案例1-14】冒险检修配电箱引发的触电事故

［事故经过］

某集团资金科负责人沈某发现办公室停电，因电工陈某外出，于是沈某打电话叫该集团事业部机电科科长吕某过来维修。吕某接到电话后带上科室电工俞某一起到集团办公室。吕某和俞某经过检查，怀疑一只配电分接箱内的空气开关跳闸，由于该分接箱正面竖有该集团广告牌，箱门无法全部打开，俞某便站在侧面趴在分接箱上，左手伸进箱里准备合闸时碰触箱内带电元件发生触电事故。

［事故原因］

1）俞某在无法完全打开箱门看清配电分接箱内部结构的情况下，将手伸入箱体内盲目操作，违规冒险作业。

2）陈某没有对公共配电设施进行有效管理，知道配电分接箱箱门是打开的，但也没有及时上锁，导致无关人员可以随意进行检查维修；发现配电分接箱前竖有广告牌，存在安全隐患没有进行整改，也没有向有关领导进行汇报。

3）沈某擅自指挥无特种作业操作证的工人冒险进行电气维修。吕某发现俞某带电作业时，没有提醒其遵守操作规程，没有起到监护作用。

4）公司没有在配电分接箱上设置明显的安全警示标志，没有按规定对设备进行维护。

7. 禁止使用临时线

必须使用临时线时，应经主管部门或安监部门批准，采取安全防范措施，并在规定时间内拆除。

【案例1-15】临时线绝缘磨损引发的触电事故

［事故经过］

夏日某建筑工地内，工人们正在进行水泥圈梁的浇灌。突然，搅拌机附近有人大喊：“有人触电啦!”只见在搅拌机进料斗旁边的一辆铁制手推车上，趴着一个人，地上还躺着一个人。当人们把搅拌机附近的电源开关断开后，看到趴在手推车上的那个人已触电身亡。与此同时，人们对躺在地上的触电者进行心肺复苏，使其得以苏醒。

［事故原因］

1）一根绝缘导线的橡胶线磨损，露出铜线，铜线与铁板相碰，导致搅拌机带电。

2）搅拌机没有接地保护线，其中4个橡胶轮离地约300mm，4个调整支承脚下的铁盘在橡皮垫和方木上边，进料斗落地处有一些竹制脚手架，整个搅拌机对地几乎是绝缘的。

3）因夏季天气炎热，触电者双手有汗，人体电阻大大降低，再加上触电者穿布底鞋，双手未戴绝缘手套，两手推车。

4）另一触电者因单手推车，脚上穿的是半新胶鞋，尚能摆脱电源，经及时抢救，得以苏醒。

［对策措施］

1）临时用电绝不能大意，一定要遵守电气设备安装、检修、运行规程和安全操作规程，杜绝违章作业。

2）为安全起见，电气设备金属外壳都应有接地保护线。

3）应穿戴好防护工作服。

8. 其他注意事项

打扫卫生时，严禁用水冲洗或用湿布擦拭电气设备，以防发生短路和触电事故。电气设备使用完毕或停电时，必须先关掉电源。发生电气火灾时，应立即切断电源，用干粉、二氧化碳、四氯化碳等灭火器灭火，切不可用水或泡沫灭火器灭火。

【案例1-16】停电未关电熨斗电源引发的燃烧事故

［事故经过］

某企业职工张某与林某、李某、徐某、杨某一同加班。张某使用电熨斗熨烫腈纶背心。8时52分，供电部门停止供电，张某未切断自己使用的电熨斗的电源。16时，张某下班。17时45分，供电部门恢复送电。到23时15分，由于电熨斗长时间通电过热，点燃可燃物，酿成重大火灾事故，烧毁厂房568m^{2}和机械设备110台（件），纺织品7.81万余件及其他辅助材料，共计价值53.11万余元。张某的行为触犯《中华人民共和国刑法》第114条之规定，构成重大责任事故罪，人民法院依法判处张某有期徒刑1年，缓刑1年。

［事故原因］

1）张某在生产作业中，遇到停电时，因疏忽大意，没有关掉电熨斗电源开关，违反了安全操作规程。

2）企业对员工要求不严，对员工安全生产教育和培训不足。

［对策措施］

1）员工应严格执行安全操作规程。

2）遇到停电或其他情况，必须及时关掉电源，确保安全，以防发生意外。

3）企业应加强对员工的安全生产教育。

9. 对各种电气设备进行定期检查

修理机械、电气设备前，必须在电源开关处挂上“有人工作，严禁合闸”的警示牌。必要的时候还应该设置专人监护或采取防止意外接通的技术措施。警示牌必须谁挂谁摘，非工作人员禁止摘牌合闸。一切电源开关在合闸前应细心检查，确认无人检修时方准合闸。

事故调查报告（一）：作业空间狭窄，修理工触电身亡

某日16时50分许，某工具有限公司发生一起触电事故，造成1人死亡。死者孔某，男，系公司修理工。

［事故发生经过及事故救援情况］

某工具有限公司喷涂车间位于公司东侧、综合楼后侧，喷涂车间需要安装涂装生产线。涂装生产线为金属结构，离车间墙约为18cm，电线离生产线顶部约为8cm，需要安装工人趴在生产线顶部才能对线路进行套管作业。

14时许，公司总经理卢某打电话给孔某，让其对喷涂车间东侧靠着涂装生产线的电线进行套管。15时许，孔某来到公司喷涂车间，该公司仓库保管员童某将PVC电线管送到车间后，孔某开始作业。17时许，涂装生产线安装工王某在生产线顶部拧螺钉时，听到有人在喊叫：“关电！”王某回头看到离其10m左右的孔某趴在生产线顶部一动不动，于是让下面的安装工关掉电源。安装工关掉车间西侧靠近入口的接焊接设备的电源，便跑到车间外面找人。此时卢某刚好从仓库出来就碰到了安装工，知道出事后立即跑到喷涂车间关闭线路电源，随后安排人拨打急救电话。公司员工茆某和卢某爬上生产线，对孔某进行心肺复苏。王某则把叉车开到喷涂车间准备施救，当把木板放在叉车上时，急救车到达现场。急救医生、茆某和卢某三人将孔某抬下生产线，急救车将孔某送到某市第一人民医院进行抢救。17时52分，卢某拨打报警电话报警。18时30分许，孔某因伤势过重经抢救无效死亡。

［现场勘验和调查结果］

经国家电网某供电公司工程师对事发现场进行勘察，得出以下调查结果：

1）事发车间采用“三相四线制”配电方式，未装设漏电保护装置。

2）事发处三相四线电气线路上面一层导线的绝缘有大面积缺损，导线芯线外露。

3）作业时未按规定采取切断作业点电源的安全技术措施。

4）死者在给带电导线穿塑料套管时，作业点空间狭小且存在视力盲区，极易误碰带有220V交流电压的三相四线电气线路上面一层导线的绝缘缺损处。

综上所述，结合事发现场人员询问笔录情况，孔某作业时不慎触碰导线的绝缘缺损处，造成触电的情形与现场勘验结果相符，另根据某市公安司法鉴定中心死亡证明，认定孔某系电击死。

［事故原因］

1. 直接原因

孔某安全意识淡薄，未取得特种作业操作证即操作电气线路，并且在未断电的情况下对电线进行套管作业，不慎触碰到裸露导线致使其触电死亡。

2. 间接原因

1）某工具有限公司未依法对从业人员进行安全生产教育和培训，未保证从业人员具备必要的安全生产知识；未对孔某进行安全教育和培训，导致其缺乏必要的安全生产知识和安全意识。

2）公司主要负责人卢某未依法履行安全管理职责，未依法督促、检查本单位的安全生产工作，未及时消除生产安全事故隐患；未对喷涂车间三相四线电气线路安装漏电保护装置；雇用无特种作业操作证人员，在未断电的情况下允许孔某对电气线路进行操作。

[事故责任认定及处理建议]

1）孔某安全意识淡薄，未取得特种作业操作证即操作电气线路，并且在未断电的情况下对电线进行套管作业，是导致此次事故发生的直接原因，对事故发生负有直接责任。因其已在本次事故中死亡，故不予追究。

2）某工具有限公司未依法对从业人员进行安全生产教育和培训，保证从业人员具备必要的安全生产知识；未对孔某进行安全教育和培训，导致其缺乏必要的安全生产知识和安全意识，违反了《中华人民共和国安全生产法》相关规定，对本次事故的发生负有责任。建议相关部门依据《中华人民共和国安全生产法》相关规定实施行政处罚。

3）公司主要负责人卢某未依法履行安全管理职责，未依法督促、检查本单位的安全生产工作，未及时消除生产安全事故隐患；未对喷涂车间三相四线电气线路安装漏电保护装置，雇用无特种作业操作证人员；在未断电的情况下允许孔某对电气线路进行操作，违反了《中华人民共和国安全生产法》相关规定，对本次事故的发生负有责任。建议相关部门依据《中华人民共和国安全生产法》相关规定，依法对卢某实施行政处罚。

第二节　触电事故发生的规律及其防范措施

一、触电事故发生的规律

1. 每年 6 ~9 月发生触电事故较多

触电事故发生多的原因：

（1）夏季天气炎热，电气工作人员多数不穿戴防护工作服及防护器具。由于夏天出汗多，导致人体电阻降低，易触电。

（2）天气热，电气设备不宜散热，易烧坏而产生漏电。

（3）因暴雨导致雨水涌入生产车间，造成机电设备漏电；下雨后空气潮湿，电气设备及线路绝缘降低，易触电。

（4）因夏季雷电较多，产生雷电感应较多，增加了触电机会。

（5）农忙季节，用电量增多，触电机会也增多。

【案例 1-17】水枪带电引发的触电事故

［事故经过］

某日晚，某热处理厂真空炉操作工李某上夜班。因清洗池要换水，李某就用超声波水枪清洗池底。19 时 40 分许，氮化车间领班王某去网带车间找人，路过清洗池时，发现李某正在用水枪清洗池底。19 时 50 分许，当王某往回走时，突然听到有人喊：“救命！”就连忙跑过去，发现李某仰面躺在地上，手握超声波水枪，水枪压在胸部。王某马上叫人把电关掉，同时赶紧找来朱某，与朱某一起对李某进行心肺复苏，并拨打急救电话。

经现场勘察，事发当日曾有暴雨，雨水涌入车间。现场测量墙壁水印高度为 18cm，与水泵电动机轴心高度相同，在电动机被洪水浸泡的情况下，有雨水渗入水泵电动机引起电动机漏电的可能。

经机修人员证实，该水泵电动机定子线圈绝缘已被电击穿，造成漏电。该水泵电源系单相临时电源，有两路接线板，均没有漏电断路器和接地等安全保护设施。

［事故原因］

1）在突发暴雨严重影响水泵电动机正常绝缘状态下，李某安全意识淡薄，违章作业。

2）水泵电动机被洪水浸泡后漏电，导致水枪带电。

3）热处理厂配电设施缺乏安全防护装置。

4）工厂对职工安全生产教育和培训不到位，相关人员未认真履行安全管理职责。

2. 低压触电多于高压触电

因为低压设备多，设备较简单且保护少，与人接触机会较多，许多操作者缺乏电气安全知识；高压设备相对少，涉及人员大都为电气工作人员，保护多，管理严格。

3. 年轻人及非电气工作人员触电较多

这部分群体是主要的操作人员，接触电气设备机会多，有些操作者安全意识差，缺乏电气安全知识，违反操作规程，易造成触电。

【案例 1-18】清洗机漏电引发的触电事故

［事故经过］

某工厂小郭和小李两人负责用高压清洗机对钛丝进行清洗。到了下班时间，小郭便将长筒雨靴换成拖鞋准备下班，因厂里要求加班，他便穿着拖鞋继续工作。两小时后，小郭对小李说钛丝冲好了，叫小李把钛丝拉到车间去。小李在拉丝的时候突然听到一声响，回头看时发现小郭仰面躺在地上，水枪压在小郭的身上。

经现场勘察，事故现场地面和使用的高压清洗机非常潮湿，清洗机水泵无漏电保护装置和接地保护装置。经测试，水枪带有 110V 交流电压，漏电电流为 245mA。

［事故原因］

1）小郭安全意识淡薄，违反安全操作规程，穿拖鞋在潮湿的环境下使用高压清洗机水枪清洗钛丝，清洗机漏电导致触电。

2）公司配电设施缺乏安全防护装置，漏电发生时不能有效防护。

3）公司负责人未认真履行安全管理职责，未对生产现场进行安全生产检查，未及时消除生产安全事故隐患。

4. 设备不合格、维修不善造成的触电较多

有些设备、线路不能正常进行维护保养和检修试验，导致设备不合格、漏电、绝缘性能降低、外壳破损等，易造成触电。

5. 电气连接部位易发生触电事故

分支线、接户线、接线端子、导线接头、灯头、插座及插头、控制器、低压电器元件等处连接机械强度差、绝缘差，但操作者多与其接触，导致触电较多。

【案例 1-19】用铁制砖刀清理模子引发的触电事故

［事故经过］

某日凌晨，某企业职工江某和韦某一起操作塑料拉丝机。4 时 40 分，江某用铁制泥水工砖刀清理拉丝机模子头，不慎将砖刀碰到模子头的电热丝接线柱上，当场触电倒在机头下面。韦某听见有异声，就呼喊江某，而江某没有回答，韦某马上意识到江某可能触电了，便立即拉掉电闸。

［事故原因］

1）按照企业规定，清理拉丝机模子头杂物时应使用绝缘工具，而江某安全意识淡薄，违规作业，用铁制泥水工砖刀，并在操作时碰到模子头的电热丝接线柱。

2）企业安全生产管理不到位，没有制定安全操作规程。职工在清理模子头废丝时没有使用专用绝缘工具，对职工安全教育不够。同时没有及时制止职工违规作业的行为。

［对策措施］

1）职工应加强安全意识，不得违规操作。

2）企业应制定岗位安全操作规程，清理模子头废丝应有专用绝缘工具。

6. 冶金、矿业、建筑、机械、化工等行业触电事故较多

冶金、矿业、建筑、机械、化工等行业存在移动或携带式电气设备多，金属设备或管道多，人员素质参差不齐等诸多原因，导致触电机会多。

7. 文化娱乐场所触电事故较多

文化娱乐场所大都存在改动电气线路、增大负荷、私拉乱接的现象，无视规程要求，导致触电增多。

8. 错误操作和违章作业造成的事故较多

这主要是因为安全教育不够、安全制度不严和安全措施不完善。

根据上述分析，为防止触电事故的发生，应加强电气设备线路的维修保养，使其保持在绝缘良好、接地可靠的状态下工作；依环境要求选择电气设备及线路，低压设备采用漏电保护装置；杜绝私拉乱接，做好工程验收；普及电气安全知识，增强安全用电意识。

二、防止触电的措施

1. 预防直接触电的措施

（1）绝缘。用绝缘材料将带电体封闭起来的措施称为绝缘措施。良好的绝缘是保证电气设备和线路正常运行的必要条件，是防止触电事故的重要措施。

（2）屏护。采用屏护装置将带电体与外界隔绝开来，以杜绝不安全因素的措施称为屏护措施。常用的屏护装置有遮栏、护罩、护盖、栅栏等。如常用电器的绝缘外壳、金属网罩、金属外壳，变压器的遮栏、栅栏等都属于屏护装置。凡是使用金属材料制作的屏护装置，应妥善接地或接零。

配、变电设备应有完善的屏护装置，所有遮栏的高度不应低于1.7m，下部边缘埋入地下应超过0.1m。

（3）间距。为了防止人体触及或过分接近带电体，避免车辆或其他设备碰撞或过分接近带电体，防止火灾、过电压放电及短路事故，在带电体与地面之间，带电体与带电体之间，带电体与其他设备之间，均应保持一定的安全间距，称为间距措施。安全间距的大小取决于电压的高低，设备的类型，安装的方式等因素。

2. 预防间接触电的措施

（1）加强绝缘。对电气线路或设备采取双重绝缘。采用加强绝缘措施的线路或设备绝缘牢靠，难于损坏，即使工作绝缘损坏后，还有一层加强绝缘，不易发生带电金属导体裸露而造成间接触电。

（2）电气隔离。采用隔离变压器或具有同等隔离作用的发电机，使电气线路和设备的带电部分处于悬浮状，称为电气隔离措施。即使该线路或设备工作绝缘损坏，人站在地面上与之接触也不易触电。

（3）自动断电。在带电线路或设备上发生触电事故或其他事故（短路、过载、欠压等）时，在规定时间内，能自动切断电源而起保护作用的措施称为自动断电措施。如漏电保护、过流保护、过压或欠压保护、短路保护、接零保护等均属自动断电措施。

3. 保护接地与保护接零措施

（1）保护接地。保护接地是指在电源中性点不接地的供电系统中，将电气设备的金属外壳与埋入地下并且与大地接触良好的接地装置进行可靠连接，若设备漏电，外壳和大地之间的电压将通过接地装置将电流导入大地，如图1-2所示。如果有人接触漏电设备外壳，则人体与漏电设备并联，因人体电阻远大于接地装置对地电阻，通过人体的电流非常微弱，从而消除了触电危险。通常接地装置多用厚壁钢管或角钢制作。

（2）保护接零。保护接零是指在电源中性点接地的供电系统中，将电气设备的金属外壳与电源零线（中性线）可靠连接。当电气设备漏电致使其金属外壳带电时，设备外壳将与零线之间形成良好的电流通路，如图1-3所示。有人接触设备金属外壳时，由于人体电阻远大于设备外壳与零线之间接触电阻，通过人体电流必然很小，亦排除了触电危险。

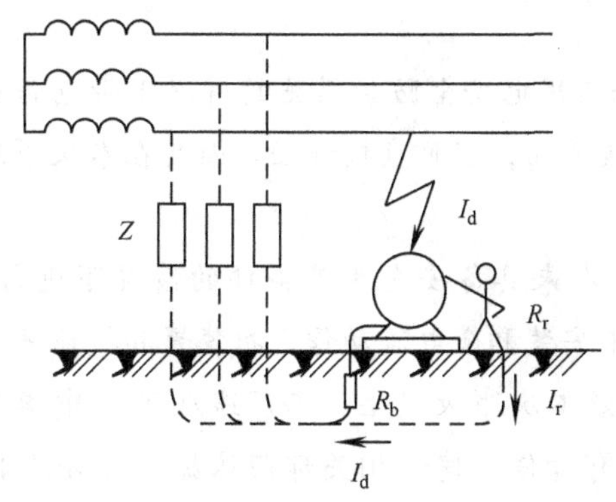

图1-2　保护接地

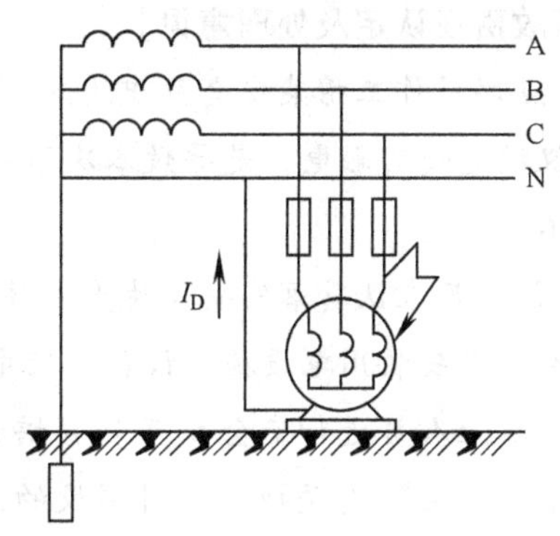

图1-3　保护接零

事故调查报告（二）：安全设备有隐患，导致员工触电身亡

某日13时50分许，某市某工厂发生一起触电事故。点焊操作工穆某在用电枢检验仪对电动机进行检测作业时，突然发生触电事故，造成1人死亡。死者穆某，男，汉族，年龄36岁，某工厂点焊操作工。

［事故发生经过及事故救援情况］

某日13时50分许，某工厂点焊操作工穆某在用电枢检验仪对电动机进行检测作业时，突然"啊"的一声，并向对面的工人挥了挥手示意其触电了。此时，与穆某同一工作台在其右侧干活的工友吴某看到后，以为自己操作的高压机漏电使穆某触电，于是马上拔掉高压机电源插座，但穆某仍有触电迹象。另一名工人梁某赶过去后把穆某使用的电枢检验仪电源插头拔掉，穆某才脱离电源。现场人员赶紧拨打急救电话，同时叫来附近卫生室的医生进行现场紧急救护。穆某后来被急救车送至市急救中心，经抢救无效死亡。

［事故原因］

1. 直接原因

1）穆某在使用电枢检验仪时，因电枢检验仪漏电导致其触电。

2）工厂未按规定将电枢检验仪外壳接地，未安装剩余电流动作保护装置。操作工安全意识淡薄，在无任何用电安全防护措施的情况下带电作业。

2. 间接原因

1）该工厂未具备国家标准规定的安全生产条件，未按国家标准GB/T 13869—2017《用电安全导则》要求安装用电设施、设备；未按规定对从业人员进行安全生产教育培训。

2）该工厂主要负责人俞某未经有关部门培训合格，未具备与所从事的生产经营活动相应的安全生产知识和能力；未按规定保证安全生产所必需的资金投入，使企业在未具备国家标准规定的安全生产条件下进行生产；未按规定安装机器设备，未督促检查做好作业场所的安全防护措施，导致机器设备在无漏电保护装置及接地保护的情况下工作，未及时消除生产安全事故隐患；未建立、健全安全生产责任制。

［事故责任认定及处理意见］

1）点焊操作工穆某安全意识淡薄，在无任何用电安全防护措施的情况下带电作业，电枢检验仪漏电使其触电，是导致本次事故的直接原因，应负直接责任。因其在本次事故中死亡，故不予追究。

2）该工厂未认真落实安全生产主体责任，在未具备安全生产条件的情况下进行生产，未按国家标准安装用电设施、设备，配电设施未安装剩余电流动作保护装置和接地装置，未按规定对从业人员进行安全生产教育培训，导致本次事故发生。工厂违反了《中华人民共和国安全生产法》有关规定，对事故的发生负有责任。建议相关部门依据《中华人民共和国安全生产法》有关规定，对该工厂实施行政处罚。

3）该工厂负责人俞某未经有关部门培训合格，未具备与所从事的生产经营活动相应的安全生产知识和能力；未按规定保证安全生产所必需的资金投入，使企业在未具备国家标准规定的安全生产条件下进行生产；未按规定安装机器设备，未按照要求将电枢检验仪外壳接地，未督促检查做好作业场所的安全防护措施，未及时消除生产安全事故隐患，未建立、健全安全生产责任制；违反了《中华人民共和国安全生产法》有关规定，对事故的发生负有责任。该工厂主要负责人俞某的行为涉嫌重大责任事故罪，交由司法机关依法追究其法律责任。

第三节　触电急救

在电气操作和日常用电中，如果采取了有效的预防措施，则会大幅度减少触电事故，但要绝对避免事故是不可能的。因此在电气操作和日常用电中，必须做好触电急救的思想准备和技术准备。有资料指出：在触电 1min 内开始急救，90% 有良好效果；从触电 6min 开始急救，10% 有良好效果；从触电 12min 开始急救，救活的可能性很小。

一、触电的现场抢救措施

触电事故的处置

1. 使触电者尽快脱离电源

人触电以后，可能由于痉挛、失去知觉或中枢神经失调而紧抓带电体，不能自行脱离电源。这时，使触电者尽快脱离电源是救活触电者的首要因素。在触电现场经常采用以下几种急救方法：

（1）迅速切断电源，把触电者从触电处移开。如果触电现场远离开关或不具备关掉电源的条件，只要触电者衣服干燥，又没有紧缠在身上，救护者可站在干燥木板上，用一只手抓住触电者衣服将其拉离电源，但切不可触及带电人的皮肤，也不能抓他的鞋。如这种条件尚不具备，还可用干燥木棒、木板、竹竿等绝缘物作为工具，将电线从触电者身上挑开。

（2）如果触电发生在相线与大地之间，一时又不能把触电者拉离电源，可用干燥绳索将触电者身体拉离地面或在地面与人体之间塞入一块干燥木板，这样可能暂时切断带电导体通过人体流入大地的电流，再设法关掉电源，使触电者脱离带电体。在用绳索将触电者拉离地面时，注意不要发生跌伤事故。

（3）如果触电地点附近没有电源开关或电源插头，可用有绝缘柄的电工钳或用有干燥木柄的斧头、刀、锄头等将电线砍断，但要注意切断电线时，切不可接触电线裸露部分和触电者，并且一次只能砍断一根电线。

（4）如果救护者手边有绝缘导线，可先将导线一端良好接地，另一端接在触电者所接触的带电体上，造成该相电源对地短路，迫使电路跳闸或熔丝熔断，达到切断电源的目的。

（5）在电杆上触电，救护者在地面上一时无法施救时，仍可先将绝缘导线一端良好接地，使该相对地短路，跳闸断电。

需要注意的是，以上救护触电者脱离电源的方法，不适用于高压触电情况。

2. 脱离电源后的急救方法

当触电者脱离电源后，应立即通知医院派救护车来抢救，并根据触电者的具体情况，迅速地对症救治。对于需要救护者，应按下列情况分别处理：

（1）如果触电者伤势不重、神志清醒，但有些心慌、四肢发麻、全身无力症状，或触电者曾一度昏迷，但已清醒过来，应使触电者安静休息，以减轻心脏负担。

（2）触电者神志断续清醒，有时会出现昏迷时，在等待医生救治过程中，可让其静卧休息，随时观察触电者伤情变化，做好施救准备。

（3）如果触电者伤势较重，已经失去知觉，但心脏跳动、呼吸尚存，可将其安放在通风、凉爽的地面，应使触电者安静地平卧；如果发现触电者呼吸困难或发生痉挛，应立即施行人工呼吸。

（4）触电者呼吸、脉搏均已停止，出现假死现象时，应针对不同情况的假死现象对症处理。如果呼吸停止，用口对口人工呼吸法，迫使触电者维持体内外的气体交换。如果心脏停止跳动，可用胸外心脏挤压法，维持人体内的血液循环。如果呼吸、脉搏均已停止，上述两种方法应同时使用，并尽快向医院告急。

二、口对口人工呼吸法

开放气道与人工呼吸法

人的生命维持，主要靠心脏跳动而产生血循环，通过呼吸而形成氧气与废气的交换。如果触电者伤害较严重，失去知觉，停止呼吸，但心脏有微弱跳动，就应采用口对口的人工呼吸法。具体操作步骤如下：

（1）迅速解开触电者的上衣，使其胸部能自由扩张，不妨碍呼吸。

（2）将触电者放置于平整硬地面上，呈仰卧位，不垫枕头，头先侧向一边清除其口腔内的血块、假牙及其他异物等，如图 1-4a 所示。

（3）救护人员位于触电者头部的左边或右边，用一只手捏紧其鼻孔，不使其漏气，另一只手将其下巴拉向前推，使其嘴巴张开，在触电者嘴上可盖上一层纱布进行隔离，准备接受吹气，如图1-4b 所示。

（4）救护人员做深呼吸后，紧贴触电者的嘴巴，向他大口吹气。同时观察触电者胸部隆起的程度，一般应以胸部略有起伏为宜，如图 1-4c 所示。

（5）救护人员吹气至需换气时，应立即离开触电者的嘴巴，并松开触电者的鼻子，让其自由排气。这时应注意观察触电者胸部的复原情况，倾听其口鼻处有无呼吸声，从而检查呼吸是否阻塞，如图 1-4d 所示。

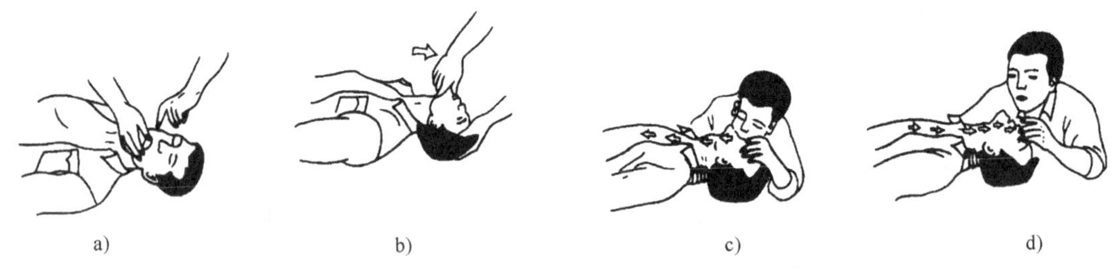

a)　b)　c)　d)

图 1-4　口对口人工呼吸法

按照上述步骤反复进行，对成年人每分钟吹气 14 ~ 16 次；对儿童每分钟吹气 18 ~ 24 次，可不必捏紧鼻孔，让一部分空气漏掉。

三、胸外心脏按压法

胸外心脏按压法

胸外心脏按压法是触电者心脏跳动停止后的急救方法。做胸外心脏按压时应使触电者躺在比较坚实的地方，姿势与口对口（鼻）人工呼吸相同。其操作步骤如图 1-5 所示：

（1）解开触电者的上衣，清除口腔内异物，使其胸部能自由扩张。

（2）使触电者仰卧，姿势与口对口人工呼吸法相同，但背部着地处的地面必须牢固。

（3）救护人员跪立在触电者侧面，最好是跨跪在触电者的腰部，将右手（或左手）的掌根放在触电者两乳头连线的中点位置（掌根放在胸骨的下二分之一段），中指指尖对准锁骨间凹陷处边缘，如图 1-5a 所示，左手（或右手）压在右手（或左手）上，呈两手交叠状（对儿童可用一只手），双臂伸直，如图 1-5b 所示。

（4）救护人员找到触电者的正确压点，自上而下，垂直均衡地用力按压，如图 1-5c 所

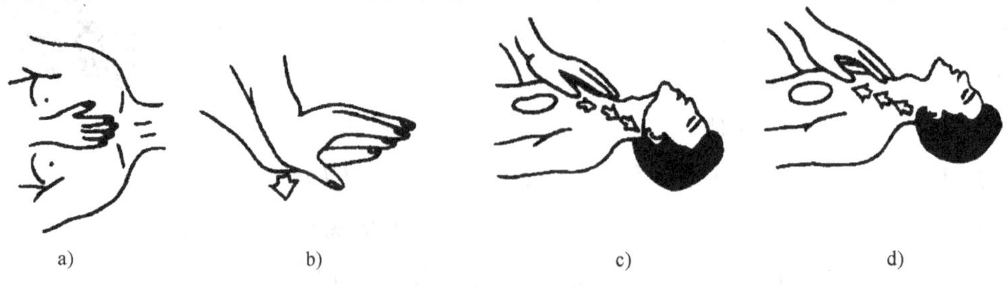

a)　b)　c)　d)

图 1-5　胸外心脏按压法

示，压出心脏里面的血液。注意用力适当，对成人应压陷至少 5cm，每分钟按压 100 ~ 120 次。

（5）按压后，掌根迅速放松（但手掌不要离开胸部），使触电者胸部自动复原，心脏扩张，血液又回到心脏，如图 1-5d 所示。

心脏复苏

若触电者伤势严重，心跳和呼吸都已停止，完全失去知觉时，则需同时采用口对口人工呼吸和人工胸外按压两种方法。如果现场仅有一个人抢救，可交替使用这两种方法，先胸外按压心脏 30 次，然后口对口呼吸 2 次，再按压心脏，反复循环进行操作。

思考与练习

1. 常见的触电事故有哪几类？主要问题是什么？
2. 如何预防触电事故的发生？
3. 防止触电事故发生有哪些措施？
4. 使触电者尽快脱离电源的方法有哪些？
5. 试述口对口人工呼吸法的操作步骤。
6. 试述胸外心脏按压法的操作步骤。

第二章 普通机床加工安全生产知识

第一节　金属切削加工中易发生的伤害事故及其原因

1. 操作者被卷入或夹入机床旋转部件

引起这类伤害事故主要有以下原因：

（1）机床设计和制造存在缺陷。机床旋转部分，如普通车床卡盘、鸡心夹头等的设计不符合相应机床安全技术标准。

（2）操作者不按规定穿戴劳动防护用品。操作者操作旋转机械时没有做到工作服“三紧”，即袖口紧、下摆紧、裤脚紧；工作时戴手套、围巾；女工留长发但没有戴工作帽等。

（3）设备布置不合理，杂物太多或地面不平整、不清洁。

【案例 2-1】机床无防护装置引发的伤害事故

[事故经过]

某日，某拉丝厂的拉丝工李某在一楼 1 号拉丝机上操作，对 30 号钢筋进行拉丝。14 时左右，老板陈某从二楼下来，发现拉丝工李某的一只手臂被钢筋卷在拉丝机的卷盘上。

[事故原因]

1）李某接近无任何防护装置的转动机器危险部位时不注意安全，是造成本次事故的直接原因。

2）拉丝机成形圈转动部位无防护装置，企业对于拉丝设备转动部位防护存在的缺陷和隐患检查不到位。

3）企业负责人未建立安全生产规章制度，未对职工进行安全教育和技术培训。

[对策措施]

1）企业要加强全体职工的安全教育，提高职工安全意识和安全技能。

2）企业对每个工作岗位都要建立安全操作规程，落实安全生产责任制。

3）企业要重视设备的安全防护装置，工作场所要达到“轮有罩、沟有栏、井有盖”等基本条件。

【案例 2-2】路过旋转机器旁甩长发引发的伤害事故

[事故经过]

某企业的 19 岁的女工胡某下夜班后准备离开车间，路过一台机器附近时无意识地甩了一下自己的长发，没想到正在快速运转的机器将她的头发夹住，最终把她的脖子卡在机器内。

[事故原因]

1）胡某安全意识不够，进入车间时未戴工作帽，经过快速运转的机器时甩了一下长发，导致长发被机器卷进去。

2）车间拥挤，机械设备布置不合理，通道欠畅通。

3）企业安全教育不够，对女工进入工作场所必须戴工作帽这项安全措施没有落实到位。

【案例 2-3】擅用载物升降机引发的伤害事故

[事故经过]

某机械厂金工车间主任张某临时安排数控车工王某在一楼车间从事钻床钻孔作业。当日下午上班后，王某因工作原因来到二楼，并擅自启用工厂载物升降机，欲从二楼下到一楼。当王某在起动升降设备电源开关后，试图再将装有电动工具零件的塑料筐拖至升降机内，因忙乱而滑倒跌入升降机内，此时升降机已从二楼下降一定高度，跌入时王某的左脚刚好与楼面相夹。

[事故原因]

1）数控车工王某安全意识淡薄，擅自启用载物升降机。

2）企业停用升降机后，未做好善后工作且管理不严，对载物升降机存在的安全隐患未及时消除。

3）企业对职工的安全教育培训不够，造成职工安全意识淡薄。

2. 操作者与机床发生碰撞

引起这类伤害事故主要有以下原因：

（1）装夹刀具和工件时，用力过猛或扳手打滑，身体失去平衡而撞在机床上。

（2）车间油污太多，走路及抬重工件时，滑倒撞在机床上。

（3）工件伸出机床较长时，没有安装防护托架。

（4）检修机床时没有关机。

（5）进入车间时注意力不集中，被运动着的机床碰撞。

（6）指挥失误造成的伤害。

【案例 2-4】开机检修引发的伤害事故

[事故经过]

某企业压力锅车间二班班长张某带领 4 名工人调换轧机轴瓦后，与季某一起试轧，调试后张某去拉料，季某去插油管。季某从机台走到梅花套连接处，由于机床附近杂物太多，地面油污较厚，不慎失足，失去平衡，身体左侧倒在轧机传动轴处，被旋转着的传动轴卷入。

[事故原因]

1）季某违反机床检修时必须停机的安全操作规程，这是事故发生的直接原因。

2）轧机附近场地混乱，油污较厚，季某失足，被卷入机器传动轴。

3）企业生产管理不善，工作生产环境杂乱，轧机连接处没有安全防护罩，存在安全事故隐患。

【案例2-5】指挥失误引发的伤害事故

[事故经过]

某工厂面食车间副主任欧某指派维修工刘某和马某去维修一台已发生故障的设备。9时10分左右，欧某见维修工刘某从机器设备上下来后，在没有看见马某的情况下，就命令刘某开机开始生产，而这时马某还在机器设备里，旋转的机器击中马某的头部。

[事故原因]

1）副主任欧某指挥失误。

2）马某和刘某在检修中忽视安全，违反检修时必须停机的安全操作规程，在检修时没有拉电闸，也没有在控制台旁留下"有人工作，严禁合闸"的警示标志就进入机器设备进行维修。

3）工厂对职工的安全教育不够。

3. 刀具或工件等伤人

引起这类伤害事故主要有以下原因：

（1）刀具或工件旋转速度快，不易防护。

（2）操作不当引起操作人员误触碰刀具或工件。

（3）刀具或工件未夹紧，工作时受力飞出。

4. 切屑飞溅伤人

引起这类伤害事故主要有以下原因：

（1）切屑体积是工件加工余量的2～9倍，锋利的切屑可能致人受伤。

（2）高温切屑崩出可能致人烫伤。

（3）带状切屑可能引起缠绕伤人。

（4）砂轮细磨料及钢屑可能伤及眼睛，切屑伤害中有35%是眼部伤害。

（5）在机床上未安装透明防护挡板，操作人员未戴防护眼镜。

安全知识链接

◆ 某企业职工陈某不慎将右手手臂卷入机器中。

◆ 某公司轧带车间员工陈某在车间轧铜带，当铜带塞进轧机时，右手被铜带卡在塞铁之间，被铜带割伤右手虎口血管。

◆ 某公司钣金车间开平工邬某在抬门面推车时，被车轮（硬轮）压到左脚小指。

◆ 某公司挤压车间切割工叶某在切割型材DK028时，由于操作过程中精力不集中，右手食指被压料架压伤出血。

◆ 某公司职工余某在车间装修作业时，不慎被铁皮割伤左手小指。

◆ 某公司张某在上班拉板车时，左脚脚后跟不慎被板车撞伤，伤及血管。

◆ 某公司顾某在工作时，不慎被铁皮割伤右脚。

◆ 某公司职工在车间操作热轧机滚道时，因操作不慎，用手去推钻板时，左手手套被钻板毛刺卷入，压在钻板一滚道间，造成左手大拇指压伤。

第二节　机床工的安全操作规程

1. 穿戴整齐

工作时应穿工作服，戴工作帽，长头发应塞在帽子内。不准穿脚趾及脚跟外露的凉鞋、拖鞋；不准赤脚赤膊；不准系领带或围巾等。如图 2-1 所示，必须按规定穿戴好防护用品。

穿戴整齐

图 2-1　穿戴好防护用品

【案例 2-6】上班穿拖鞋引发的伤害事故

[事故经过]

某日下午，某水泥厂包装工王某进行装料工作，开机后由于库不下料，于是手持钢管，站立在螺旋输送机上敲打库底。库下料后，王某准备下来，不料因脚穿泡沫拖鞋，行动不便，重心失稳，左脚恰好踩进螺旋输送机上部 10cm 宽的缝隙内，正在运行的机器将其脚和腿绞了进去。旁边的人立即停车并反转盘车，才将王某的腿和脚退出，导致王某的左腿高位截肢。

[事故原因]

1）包装工王某未按规定穿戴劳动防护用品，而是穿着泡沫拖鞋，在凹凸不平的机器上行走，失足踩进机器缝隙，是事故的直接原因。

2）王某违反了当机器出现故障时必须停机修理的安全操作规程。

3）螺旋输送机 10cm 宽的缝隙上部没有盖板或防护罩等安全防护装置，是导致该事故的重要原因。

4）水泥厂安全生产管理不力，制度不落实，明显的安全隐患没能得以消除。

【案例 2-7】上班戴丝巾引发的伤害事故

[事故经过]

某日，某企业的一名挡车女工黄某把丝巾系到脖子上就上岗作业。当她接线时，丝巾的末端嵌入梳毛机轴承细缝里，丝巾被绞，导致黄某被卷入身亡。

[事故原因]

1）黄某违反操作规程，穿戴不符合要求。

2）企业对职工安全教育不到位，安全监管不严。

[对策措施]

1）操作旋转机械时一定要做到工作服的“三紧”，即袖口紧、下摆紧、裤脚紧；不要戴手套、围巾；女工的发辫更要盘在工作帽内，不能露出帽外。

2）企业要加强对工人的安全教育，加大安全监管力度。

【案例 2-8】上班穿宽松的衣服引发的伤害事故

[事故经过]

某布厂预制车间操作工江某在上班时穿着宽松的衣服，工作中身后的风衣帽及衣领后半部分，被卷绕在机器的光轴上。

[事故原因]

1）江某上班时间未穿戴劳动防护用品，违反操作规程。

2）企业对作业人员上班穿戴的管理制度执行不严。

3）企业对生产设备转动部位未采取防护措施。

[对策措施]

1）职工进入作业场所，必须按规定穿戴防护用品。

2）职工工作时要严格遵守机床工的安全操作规程。

3）企业应对职工加强安全教育。

2. 开机前仔细检查

操作者在加工前应检查设备中的防护装置是否完好、有效。保险装置、联锁装置、信号装置必须灵敏、可靠，检查机床有无漏电现象，发现问题后找有关人员及时解决。

开机前仔细检查

【案例 2-9】设备漏电不检修引发的触电事故

[事故经过]

某五金颜料厂操作工蒋某提前到注塑车间上班。与夜班操作工徐某进行交接班时，徐某告诉蒋某，注塑机已漏电，机台也有电。蒋某听后伸手触摸了一下机身（因机台换人不停机，24h 连续工作）说：“没有电。”他就开始作业，用一不锈钢盆向注塑机加料。第一盆加完后，在加第二盆料时发生触电事故。在旁的徐某和对面另一注塑机操作工谢某跑过来，谢某叫徐某快去切断电源，徐某立即将电源总闸拉下。蒋某在切断电源后翻倒在地。

［事故原因］

1）徐某和蒋某安全意识淡薄，在知道注塑机漏电情况下，没有及时停机，消除事故隐患。

2）注塑机在漏电状态下运行，蒋某明知注塑机漏电仍继续操作，是造成本次事故的直接原因。

3）注塑机电源线正好在工具箱上部，工具箱经常性开启，箱后部铁皮刮破电源线，使电源线破损并与工具箱接触而使整台机床带电。

4）注塑机没有接地保护装置，当蒋某向注塑机加料时，人体接触到机体而触电。

［对策措施］

1）加强职工安全操作意识，发现漏电时应及时停机、检查、修理。

2）机械设备必须有接地保护装置。

3）企业应加强职工安全教育，应经常进行安全检查，消除存在的安全隐患。

3. 操作中注意安全

（1）机床正在切削时，操作者的头部不能离工件（或刀具）太近，最好戴上护目镜以防切屑飞溅伤人。

（2）在机床上操作时，不能戴手套（特殊情况例外）。

操作中注意安全

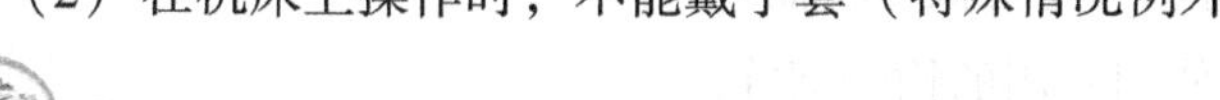

【案例2-10】戴手套操作机床引发的伤害事故

［事故经过］

某日，某企业拔丝女工张某从事线材加工，张某双手戴手套，右手拿电源开关盒，左手扶在拉丝机的铜线上，当她接到命令后，右手按动电源开关，拔丝机开始旋转，当张某想把左手从拉丝机上抽出来的时候，由于手套被铜线钩住，一时拿不出来，拔丝机越转越快，张某的胳膊被机器卷了进去。

［事故原因］

1）张某违反操作规定，戴手套操作旋转的机器。

2）张某缺乏安全操作技能，当左手被夹住时，没有按下右手的电源开关，胳膊被卷进去。

3）企业忽视安全生产工作，对员工安全教育不够。

（3）手和身体不能靠近正在旋转的机件，如带、带轮、齿轮、轴等，更不能在这些场所玩闹。

（4）工件、刀具和夹具必须装夹正确、牢固，否则会飞出伤人。

（5）当工件超过15kg时，应使用起重设备或机械手帮助。

（6）当机床正在工作时，不能测量工件的尺寸，也不要用手触碰工件或刀具表面。

（7）调整机床行程开关和限位装置，装夹或拆卸工件、刀具，测量工件，擦拭机床都必须停车。

（8）机床停止前，不准接触运动工件、刀具和传动部件。发现设备出现异常情况，应立即停车检查。

【案例 2-11】机器未停稳就检修引发的伤害事故

[事故经过]

某公司的一活塞式离心机有异响，维修工段班长谢某、维修工王某等人前去检修。离心机操作工李某把离心机电源关闭后，由于惯性，离心机转鼓尚未完全停下来。此时，谢某就把手伸进了离心机壳内，随即谢某的中指和无名指被夹在了离心机刮刀与筛网之间。

[事故原因]

1）谢某安全意识淡薄，冒险作业，在设备尚未停止转动的情况下进行检修。

2）工作场地环境不良，工作环境光线较暗，维修工不能看清设备运行情况。

3）企业对职工安全教育培训不够，安全措施落实不力，职工缺乏安全操作技能。

[对策措施]

1）机器未停止转动前不能检修。

2）改善工作场地环境。

3）加强职工安全教育培训，提高职工安全操作技能。

（9）不能用手直接清除切屑，应使用专用的钩子清除。

【案例 2-12】用手清除切屑引发的伤害事故

[事故经过]

某日钻床工吴某请车工黄某帮他加工一个工件，黄某由于太忙没有立即答应，说要等一会儿再帮他做。黄某有事走开后，吴某看见车床空着，就在黄某的车床上加工工件。由于铁屑不断飞出绕在车刀上，于是吴某就戴上手套，用手去拉铁屑，结果在拉的过程中 4 根手指被铁屑弄成骨折。

[事故原因]

1）吴某违反安全操作规程，擅自开动不属于本工种的机械设备。

2）吴某违反了安全操作规程，清除切屑时用手直接清除，没有用铁钩清除。

3）企业对职工安全教育不够，职工安全意识淡薄。

（10）严禁在机床运转时离开工作岗位，因故离开必须先停车，并切断电源。

4. 做好机床的日常维护、保养工作

（1）工作完毕，应将各类手柄扳回非工作位置，并切断电源和及时清理工作场地的切屑、油污，保持通道畅通。

（2）严禁任意装拆电气设备。

【案例 2-13】私自改装设备引发的触电事故

[事故经过]

某企业职工张某负责拉排机的拉铜带作业。某日 9 时左右，在拉排机工作台前右边立柱上对铜排进行冷却的油泵突然掉进与拉排机连接的冷却箱内。油泵在掉落过程中，由于自重的作用，又拉断了油泵接线盒部位的三相电源线，使电源线同时掉入冷却箱，造成整台拉排机带电。而此时，操作工张某正在拉铜带，拉排机带电使铜带带电，造成操作工张某触电。

[事故原因]

1）张某为工作之便，将固定的冷却泵擅自拆卸，用直径为 2mm 的铜丝简易捆扎，吊装在拉排机立柱上，导致冷却泵安装不牢而脱落。

2）企业管理人员和机修工对设备的维护、保养、管理不力。

3）企业忽视安全生产工作，对员工安全教育不够。

第三节 车削加工安全生产知识

一、车削加工中易发生的伤害事故及其原因

1. 操作者被车床卷入

引起这类伤害事故主要有以下原因：

（1）操作者没有穿戴合适的防护服，操作过程中穿着过于肥大的衣物或戴手套操作。

（2）操作者过于接近旋转的运动部件，使衣物或手套被旋转部件卷入。

【案例 2-14】上班穿肥大工作服引发的伤害事故

[事故经过]

某企业车工李某在卧式车床加工辊道过程中，工作服被卷入车床，身体也随即被拖入车床。

[事故原因]

1）李某违反安全操作规程，上班时穿肥大的工作服，操作车床时，没有将工作服做到“三紧”，即袖口紧、下摆紧、裤脚紧。

2）企业对职工安全教育培训不够，安全措施落实不力，职工缺乏安全操作技能。

[对策措施]

1）职工应严格遵守安全操作规程，操作车床时应按规定做到穿戴工作服的“三紧”。

2）企业加强职工安全教育培训，提高职工安全操作知识。

2. 操作者与车床发生碰撞

引起这类伤害事故主要有以下原因：

(1) 车床设计和制造存在缺陷。机床旋转部分凸出且无防护设施。如普通车床旋转的工件卡盘、鸡心夹头、花盘上的紧固螺栓端头、露在机床外面的挂轮、传动的光杠和丝杠等。

(2) 工件超出主轴尾端较长时，没有安装防护托架。

【案例 2-15】工件超长又无防护装置引发的伤害事故

[事故经过]

某单位一名车工在 C6140A 车床上加工一根长度为 3100mm、直径为 ϕ35mm 钢棒，装夹后工件超出主轴尾端 1250mm，加工过程中当主轴转速由原来的 230r/min 调为 600r/min 时，将露出主轴外的钢棒甩弯，打中了路过的顾某的身体。

[事故原因]

1) 车工安全意识淡薄，当车削加工长棒料时，车床转速调得过高，并且未安装防护托架。

2) 该单位曾发生过因加工棒料过长而被甩弯打坏工具箱等事件，但没有引起领导重视，事故隐患没有得到及时消除。

3) 顾某缺乏安全意识，进入车间没有集中注意力，忽视车间存在的危险情况。

【案例 2-16】环境拥挤引发的伤害事故

[事故经过]

某企业的车工郑某和张某两人在一个仅 9m^2的车间内作业，两台机床的间距仅为 0.6m。当郑某在加工一件长度为 1.85m 的六角钢棒时，因为该棒伸出车床长度较大，在高速旋转下被甩弯，打在了正在旁边作业的张某的头上。

[事故原因]

1) 工作场地狭小，两台机床相距太近。

2) 郑某安全意识淡薄，当棒料伸出车床长度较大时，没有用托架和防护栏杆。

3) 张某安全意识不够，没有注意工作场地的危险状况。

【案例 2-17】离开机床未停机引发的伤害事故

[事故经过]

某橡胶厂车工任某在车床上加工长度为 2m 的棒料时，在没有关掉车床电源的情况下，离开车床，在经过车床旁边时，被伸出长度为 1.1m，离地面高度为 1.2m，转速为 220r/min 的棒料把衣服紧紧缠住。

[事故原因]

1) 任某违反了车工离开岗位时必须停机的规定。

2) 任某在工件旋转时，靠近车床处通过。

3）设备放置不合理，工件堆放混乱。

［对策措施］

1）企业应加强员工安全操作意识，严格遵守安全操作规程。

2）在车床上加工长棒料时，应加托板和防护罩。

3）企业领导和工人应吸取教训，进一步完善安全生产措施，消除存在的安全生产隐患。

3. 操作者手指受伤

引起这类伤害事故主要有以下原因：

（1）被抛出的崩碎切屑或带状切屑打伤、划伤、灼伤。

（2）车床运转时用手直接清除切屑，没有用铁钩清除切屑。正确示范如图 2-2 所示。

（3）车床运转时测量工件或调整机床。正确示范如图 2-3 所示。

（4）手持砂布打磨运转的工件。

（5）车床缺乏定期的维修、检查，某些防护装置和保险装置失灵。

（6）车床局部照明不足，不利于操作人员观察切削过程而产生错误操作。

图 2-2　要用钩子清除铁屑

图 2-3　车床停稳后才能测量工件

【案例 2-18】车床主轴旋转时测量工件引发的伤害事故

［事故经过］

某日机修厂车工郑某在操作卧式车床时，由于急着赶生产任务，在没有关掉电源、车床主轴仍处于旋转工作的情况下，急于测量工件尺寸，结果左手被工件卷入，造成骨折。

［事故原因］

1）郑某违反安全操作规程，在车床主轴旋转时测量工件。

2）企业对职工安全教育不到位，安全监管力度不够。

［对策措施］

1）职工应遵守安全操作规程，在工件旋转时不能对其进行测量。

2）企业要加强对职工安全教育，组织职工学习安全操作规程。

【案例2-19】违章打磨工件引发的伤害事故

[事故经过]

某企业车工张某在岗上班，在用车床加工工件时，由于工件比较粗糙，就用右手拿砂布在车床上给工件抛光，不慎右手食指被高速运转的工件撞击。

[事故原因]

1）张某违规操作，给工件打磨时没有把车刀移到安全位置，车床转速太高。

2）手持砂布打磨时应用双手，并且保持右手在前，左手在后。

3）企业对职工安全教育不够。

4. 操作者受到工件或刀具等伤害

引起这类伤害事故主要有以下原因：

（1）工件、刀具没有装夹牢固，开动车床后，工件或刀具飞出伤人。

（2）卡盘扳手插在卡盘内，开动车床后，扳手飞落伤人。

（3）尾座没有夹紧，致使工件装夹不牢，飞出伤人。

（4）工具、夹具、量具摆放不合理，掉落引起的伤害事故。

（5）车床周围布局不合理，切屑堆放不当，造成滑倒致伤。

二、工件装夹的安全注意事项

在车削加工时，暴露在外的旋转部分，如工件的旋转运动、装夹工件的拨盘、卡盘、鸡心夹头等的旋转都有可能对操作者造成伤害。为防止这类伤害事故的发生，应有以下两方面的措施：

1. 对车床的回转附件设置安全装置

（1）给卡盘或花盘加防护罩。为防止卡盘或花盘旋转时钩住操作者的衣服，可安装安全防护罩。在车床工作时，防护罩关闭，在安装工件或调整车床时可将防护罩打开。

【案例2-20】工作服没穿好引起的伤害事故

[事故经过]

某日晚，车工小张上夜班，小张认为晚上没有人管，所以工作服拉链和袖口都没整理好就进行车削加工，车床还未停稳就去测量工件，结果袖口被机器卷入，整个人扑倒在车床上。

[事故原因]

1）小张安全意识淡薄，上班时没有把工作服穿好，没有把拉链拉上，没有把袖口扣紧。

2）小张测量工作时没有等车床停稳。

（2）给拨盘、鸡心夹设置安全装置。为防止拨盘的拨杆、鸡心夹的尾端、夹头螺钉的头部在旋转时钩住操作者的衣服，击伤操作者的手及身体的其他部位，避免手或身体卷入转动部分，可设置安全鸡心夹头和安全拨盘等装置。

1）安全鸡心夹头与普通鸡心夹头的区别在于它没有凸出部分，其周围有轮缘，旋转时可以避免钩住操作者的衣服或其他部分。

2）安全拨盘做成杯状，杯的边缘可以起保护作用。采用安全拨盘时，可用一般鸡心夹头。

2. 工件安装的安全要求

（1）使用卡盘安装工件时的安全要求。使用自定心卡盘和单动卡盘安装工件时，移动车刀至车削行程的左端，用手旋转卡盘，检查刀架等是否与卡盘或工件碰撞。工件必须夹紧，夹紧时可用接长套筒，如图 2-4 所示，并及时取下卡盘扳手，不允许把扳手留在卡盘上，如图 2-5 所示。严禁使用卡爪滑丝的卡盘。

图 2-4　工件要夹紧

图 2-5　扳手不能留在卡盘上

（2）使用顶尖及鸡心夹头安装工件时有以下安全要求：

1）一夹一顶安装工件时的安全要求。使用卡盘和用顶尖安装工件时，要注意顶尖与中心孔应完全一致，不能用破损或歪斜的顶尖。使用前应将顶尖、中心孔擦干净，后尾座顶尖要顶牢。为了防止后顶尖与中心孔由于摩擦发热过大而磨损或烧坏，可用活顶尖。

2）使用两顶尖安装工件时的安全要求。使用顶尖拨盘安装工件时，开车前应将刀架移至车削行程左端，用手转动拨盘检查是否会与刀架碰撞。使用前应将顶尖、中心孔擦干净，注意两顶尖中心高度应一致。

【案例 2-21】车床尾座松动引起的伤害事故

［事故经过］

某企业车工池某在 CA6140 机床上加工穿销（细长轴），在进行精加工时，因车床尾座松动，工件飞出，打中沈某。

［事故原因］

1）池某安全操作意识不够，在加工时没有把尾座固定牢，致使工件飞出伤人。

2）企业领导安全教育落实不够。

［对策措施］

1）车床工应严格遵守安全操作规程，使用尾座装夹工件时必须将尾座固定牢靠。

2）工人应提高安全意识，在进行车削时头部不要对准工件切线飞出的方向。

（3）使用中心架或跟刀架安装工件时的安全要求。车削细长工件时，一般使用中心架或跟刀架安装工件，如图 2-6 和图 2-7 所示，为保证安全，工件伸出车床部分要用托架，并且架防护栏杆，将旋转着的棒料与人隔离。使用中心架或跟刀架时，工件被支承部分要加机油润滑，转速不能太高，以免使工件与支承爪之间因摩擦过热而烧坏或磨损支承爪。

图 2-6　中心架

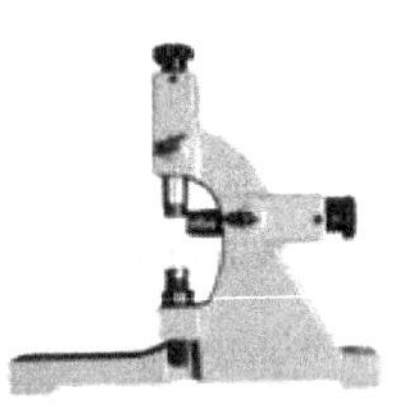

图 2-7　跟刀架

【案例 2-22】车床主轴转速过快引起的伤害事故

［事故经过］

某企业车工刘某在 C6132A 车床上加工零件，当他将长圆钢夹紧后，就开机工作。由于使用原材料过长，车床转速（1200r/min）过快，在离心力作用下，引起钢条逐渐弯曲，车床振动，使车身移动倾斜。刘某在没有停车的情况下，直接去固定车床。当刘某到车床边上将垫片垫入车床后，起身时，钢条的弯曲程度已远远超过开始时程度，刘某被弯曲且高速运转的圆钢击中头部。

［事故原因］

1）使用的毛坯过长，车床转速过快，在离心力作用下引起钢条逐渐弯曲，车床振动，使车身移动倾斜。

2）刘某违反安全操作规程，当车床出现问题时，没有及时停机进行修理。

3）企业负责人未及时督促员工执行安全操作规程，以致引发安全事故。

［对策措施］

1）企业负责人应及时督促检查本单位安全生产工作，消除安全隐患。

2）职工应严格遵守安全操作规程，提高安全操作意识。

3）加工长棒料时，需要用托架，并且架防护栏杆，将旋转着的棒料与人隔离。

4）车床在加工中出现问题时，一定要停机修理，决不能开机修理机床。

（4）使用心轴与弹簧卡头安装工件时的安全要求。使用心轴安装工件时，应该用螺母将开口垫圈拧紧，以防工件松动；使用弹簧卡头安装工件时，应用压紧螺母拧紧，以防工件松动。

（5）使用花盘、弯板安装工件时的安全要求。使用花盘、弯板安装工件时，由于重心偏向一边，要在另一边上加平衡铁予以平衡，以保证安全生产和防止切削时的振动。

三、刀具在安装和使用时的安全注意事项

1. 安装和使用外圆车刀

安装外圆车刀时，刀尖一般应与工件中心等高。车刀在刀架上伸出的长度一般应小于2倍刀体高度，如图2-8所示，垫片要放得平整，片数不宜太多（1～3片），要用两个螺钉来压紧车刀，这样才能保证切削时刀具稳固，不会折断。使用外圆车刀时，应根据加工工件的刚性好坏，以及粗、精加工不同选择刀具角度、切削用量和切削速度。开车时，车刀要慢慢接近工件，以免切屑崩出伤人或损坏工件。

安装和使用刀具安全注意事项

图2-8　车刀在刀架上不能伸出太长

2. 安装和使用切断刀

安装切断刀时，应使刀尖与工件中心等高；切断刀不能伸出太长；工件的切断处应距卡盘近些。用切断刀切断工件时，为防止切断刀折断，操作时进给要均匀，即将切断时，必须放慢进给速度，以保证安全。

3. 安装和使用镗孔刀

安装镗孔刀前，应尽可能选择粗一些的镗刀杆。安装镗孔刀时，伸出刀架的长度应尽量小，刀尖要略高于主轴中心，可以减小振动和扎刀现象。如果镗孔刀刀尖低于工件中心，往往会使镗刀下部碰坏孔壁。

4. 安装和使用钻头

在车床尾座上安装钻头时，应尽可能使车床尾座上的套筒伸出来短些，可提高钻头的刚性。在车床上钻孔前，必须先车平端面。为防止钻头偏斜折断，可先用中心钻钻中心孔作为引导，钻孔时应加切削液。孔即将钻通时，必须降低进给速度，以防钻头折断。

四、车工的安全操作规程

为保证车削加工的安全，操作者应做到以下几点要求：

(1) 操作人员必须经过培训，持证上岗，未能取得上岗证的人员不能单独操作车床。

(2) 操作者要穿紧身防护服，袖口扣紧，长发要戴防护帽，操作时不能戴手套（图 2-9）。切削工件和磨刀时必须戴护目镜。

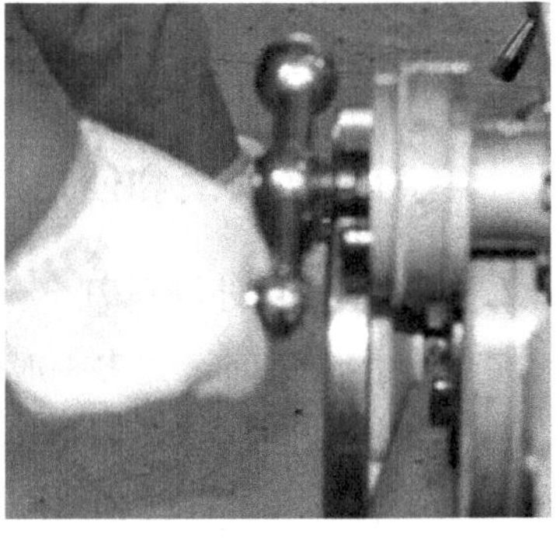

图 2-9　操作机床时不能戴手套

【案例 2-23】工作时摘下工作帽引发的伤害事故

[事故经过]

某日下午临近下班时，在某企业实习的车工实习生都在打扫车间卫生。女实习生程某已打扫完成，摘下工作帽，垂下长辫子。程某忽然发现车床下还有一点铁屑，她弯腰去捡，结果头发被转动中的车床卡盘卷住。

[事故原因]

1) 程某安全操作意识不强，在工作未结束时摘下工作帽。

2) 程某违反安全操作规程，在车床运转时打扫卫生。

3) 企业对职工安全教育不够。

(3) 装卸卡盘及较大的工具和夹具时，床面要垫木板。装卸卡盘应在停机后进行，不可借用电动机的力量取下卡盘。装卸工件后应立即取下扳手，禁止用手刹车。

(4) 装夹工件要牢固，夹紧时可用接长套筒，禁止用手锤敲打，并应及时取下扳手，滑丝的卡爪应停止使用。

【案例 2-24】工件未夹紧就开机加工引发的伤害事故

[事故经过]

某日某企业车工李某上班后，在车床上加工摩托车轮毂。李某在加工前两个工件时，由他的师傅杨某在旁进行指导，剩下的工件由李某单独加工。当做到第 6 个轮毂时，轮毂飞出，击中李某的腰腹部。

[事故原因]

1) 车床工李某违反安全操作规程，在未将工件夹紧的情况下开机操作，是事故发生的直接原因。

2) 车床缺乏必要的防护装置。

3) 生产负责人未及时督促、检查本单位的安全生产工作，未及时消除生产安全事故隐患。

[对策措施]

1) 车床工应遵守安全操作规程，必须将工件夹紧后才能开机。

2) 车床应安装必要的防护装置。

3）加强现场安全检查，及时制止违章操作。

（5）开机前，首先检查油路和转动部件是否灵活正常，夹持工件的卡盘、拨盘、鸡心夹头的凸出部分最好使用防护罩，如无防护罩，操作时应注意保持距离，不要靠近，以免绞住衣服及发生碰撞事故。

（6）车刀要装夹牢固，背吃刀量不能超过设备本身的负荷，刀头伸出部分不要超出刀体高度的1.5倍，垫片的形状尺寸应与刀体形状尺寸相一致，垫片应尽可能少而平。转动刀架时要把车刀退到安全的位置，防止车刀碰撞卡盘。开车时，车刀要慢慢接近工件，以免切屑崩出伤人或损坏工件。

（7）加工长棒料时，工件伸出车床部分要用托架，并且架防护栏杆，将旋转着的棒料与人隔离。

（8）工作场地应保持整齐、清洁，工件存放要稳妥，不能堆放过高，切屑应用钩子及时清除，严禁用手直接清理。

（9）用锉刀加工工件时，应右手在前、左手在后。加工内孔时，不准用锉刀倒角。使用砂布打磨工件表面时，要把刀具移到安全位置，也应右手在前、左手在后，并注意不要让手和衣服接触工件表面；打磨内孔时，不可单手持砂布在旋转的机床上操作，必要时可用木棍代替，同时车床转速不宜太快。

（10）变换转速应在车床停止转动后进行，以免碰伤齿轮。

（11）除车床上装有自动测量装置外，均应停车后才能测量工件，并将刀架移动到安全位置。

（12）禁止把工具、夹具或工件放在车床床身上和主轴箱上；不能在运转中的车床附近更换衣服；工作时间不能随意离开工作岗位，禁止玩笑打闹，有事离开必须停机断电。

（13）切断大棒料时，应留有足够的余量，卸下砸断，以免棒料切断时掉落伤人。小棒料切断时，不准用手接。

（14）电器发生故障时应马上断开总电源，及时请电工检修，不能擅自修理。

（15）工作结束后，必须把机床关机后才能清扫，加注润滑油等。

安全知识链接

◆ 某公司车工刘某在加工电动工具的转子时，转子飞出，击倒灯罩后，打到刘某的右眉心和左下额。

◆ 某公司车工王某在操作时，不小心被切屑割伤，导致右手前臂两处受伤。

◆ 某公司车工胡某在找正车刀时，右手扶在刀架上，在刀架向工件运动时，没有及时将手移开，以至于无名指被刀架与尾座夹住。

◆ 某企业车工吕某在车床上对保温杯进行割口时，碎料从机器中飞出来，划伤左手腕内侧。

◆ 某企业车工郭某在工作时被飞出的切屑划伤左腿。

◆ 某企业机床工徐某在加工发动机机架时，手套被旋转的机器卷进去，导致左手中指末节缺损。

◆ 某公司车工王某在割杯头时，不慎右手滑离滑板手柄，甩出碰到锋利的杯底，导致右手中指肌腱断裂、出血。

◆ 某企业车工江某在操作车床时，为捡一根掉在槽里的输出轴，右手扶着刀架，左手伸去捡，不料刀架与尾座接触时右手食指被夹伤。

◆ 某公司车工黄某在更换仪表车床车刀时，右手大拇指不慎被车刀割破。

◆ 某公司车工王某在车床尚未完全停止的情况下，就动手拆卸工件，导致车刀割伤右手中指。

◆ 某公司职工黄某在修理模具，在把模具安装在车床上时，不小心将模具从车床的自定心卡盘上滑到导轨上，压到左手中指，导致骨折。

◆ 某公司车工楼某在回工作岗位时，不慎被同事操作的机床尾座螺杆刺入左上臂。

◆ 某公司职工张某在金工车间调换车床模具时，因不慎触动操作开关，模具旋转，导致右手卷入，造成右手大拇指指甲挫裂，右手背多处挫裂。

◆ 某企业车工李某在车床上加工咖啡壶外壳缩口工序，由于杯身太大和材料较厚，分割时底部带有毛刺，在装好杯子缩口第一道工序时，由于水胀杯口偏短，造成杯口破裂不能再缩。该员工在没有停机情况下推开顶杆，试用左手把杯子拿下来，没有成功。接着他用双手握住杯身往外拿杯子，在拿的过程中，杯身倾斜夹在轴上旋转起来，慌乱中右手碰到杯口，造成右手掌及右手腕割伤。

第四节 钻削加工安全生产知识

一、钻削加工中易发生的伤害事故及其原因

1. 操作者手指受到伤害

引起这类伤害事故主要有以下原因：

（1）操作者戴手套操作，钻削时手指连同手套易被钻床卷入。

（2）钻削时操作者用手摸钻头或直接用手清除长钻屑。

（3）没有用夹具装夹工件，而是用手直接握住工件进行钻削。

（4）使用已经钝化的钻头或修磨角度不良的钻头，钻削时进给量过大等原因使钻头折断。

【案例2-25】戴手套清除钻屑引发的伤害事故

［事故经过］

某汽车制造厂模具制造车间，一钻床工李某在Z3050型摇臂钻床上钻削冲模板（材料

为 45 钢)。在钻削过程中，李某发现 30mm 的钻头缠上很长的螺旋形切屑，影响了钻削效率及观察加工状况。李某在没有停机的情况下，用戴着手套的右手清除切屑，在清除切屑过程中，高速旋转着的钻头和切屑紧紧缠住李某的右手。

[事故原因]

1）李某安全意识淡薄，清除切屑时没有使用清除切屑的附件或工具，如钩子等。

2）李某违章操作，清除切屑时没有停机，而是用戴着手套的右手直接去清除切屑。

3）企业没有配置专门清除切屑的附件或工具。

4）企业相关负责人缺乏安全检查，未能及时发现事故隐患。

[对策措施]

1）在 Z3050 型摇臂钻床上增加清除切屑的附件或工具。

2）钻削时应该设置个人防护装置。

3）在机械设备明显处设置警示语或写明安全操作规程。

4）企业相关负责人应加强安全检查，及时发现事故隐患，制定应急措施。

2. 操作者被钻床卷入

引起这类伤害事故主要有以下原因：

（1）操作者在操作过程中穿着过于肥大的衣物或工作服没按规定扎紧。

（2）女工的长发没有放入工作帽内或着装不符合规定。

3. 操作者被工件或刀具等伤害

引起这类伤害事故主要有以下原因：

（1）卸钻头时，钻头脱落而砸伤脚。

（2）工具、夹具、量具摆放不合理，掉落引起的伤害事故。

（3）工件装夹时没有夹紧，钻削时，工件容易发生松动，特别是工件将要钻透时，工件可能随钻头一起转动打伤人。

【案例 2-26】擅自使用钻床引发的伤害事故

[事故经过]

某日某企业因钻削任务较多，企业负责人黄某派女工宋某协助钻床主操作工王某干活，他们的主要任务是在长为 3m，直径为 75mm 的不锈钢管上钻 ϕ50mm 的圆孔。10 时许，宋某在王某上厕所的情况下，独自开机，并将手动进给方式改为自动进给方式，由于用台虎钳装夹钢管没有夹紧，当钻孔钻到 2/3 时，钢管迅速向上移动并脱离台虎钳，造成钻头和钢管一起做 360°高速转动，钢管先将现场一长靠背椅打翻，再打击宋某臂部并使其跌倒。

[事故原因]

1）宋某安全观念淡薄，自我防范意识不强，擅自开动不属于自己分管的钻床。

2）宋某用台虎钳装夹工件时没有将工件夹稳。

3）按规定加工时应采用手动进给方式的，宋某擅自改为自动进给方式。

4）宋某参加工作时间较短，缺乏钻床工作经验，对钻床安全操作规程不熟。

[对策措施]

1）企业负责人在派职工更换工作岗位时，首先应交代该岗位的安全操作注意事项，特别是参加工作时间较短的工人。

2）工件与工具夹应用扳手或专用工具紧固牢靠，严格遵守钻床安全操作规程。

3）钻床工必须经过专业技能安全培训，掌握一定操作技能，并通过安全考试。

4）企业应加强职工安全教育，及时组织职工进行事故案例现场教育。

二、钻工的安全操作规程

钻工的安全操作规程

（1）开机前检查电器、传动机构及钻杆起落是否灵活，防护装置是否齐全，润滑油是否充足，钻头夹具是否灵活可靠。

（2）刀具与工件必须装夹可靠、稳固，小工件可用平口钳装夹，大工件要用压板螺钉装夹，装夹时都应用垫铁将工件或压板垫平，以免钻削时工件松动，造成钻头折断引发事故。

（3）严禁用手直接握住工件进行钻削，如图2-10所示。

【案例2-27】直接用手抓工件钻削引发的伤害事故

[事故经过]

某日，某家庭小工厂的王老板在钻床上加工工件，由于是个小工件，王老板直接用手拿着工件进行钻削。在钻削过程中，由于钻削速度较快，手不能抓牢工件，结果掌心被高速旋转的工件打伤，缝了二十几针。

[事故原因]

1）王老板安全意识淡薄，安全操作技能缺乏。

2）王老板违反安全操作规程，在钻削时没有用平口钳装夹工件，而是用手直接抓着工件进行钻削。

（4）钻孔时钻头要慢慢接近工件，用力均匀适当，孔快钻穿时，不要用力太大，以免工件转动或钻头折断伤人。钻薄板时要用木板垫底，钻厚工件时钻入一定深度后应把钻头退出后再钻，并加切削液，以免折断钻头。停钻前应把钻头从工件中退出。精铰深孔时，不可用力过猛，以免手撞到刀具上。

（5）使用自动进给方式时，要选好进给速度，调整好行程限位块。手动进给时，逐渐增加压力或逐渐减小压力，以免用力过猛造成事故。

（6）使用摇臂钻床时，横臂回转范围内不准站人，不准有障碍物。工作时横臂必须夹紧。

（7）严禁戴手套操作（图2-11），钻出的铁屑不能用手拿或用口吹，须用刷子及其他工具清扫。横臂及工作台上不准堆放物体。

图 2-10　不能用手直接握住工件进行钻削

图 2-11　不能戴手套钻削

（8）钻头、钻夹脱落时，必须停机才能重新安装。开机后不准用手摸钻头、测量工件尺寸等。

【案例 2-28】戴手套钻削引发的伤害事故

［事故经过］

某企业钻床工吴某正在摇臂钻床上进行钻孔作业。测量零件时，小吴没有关掉钻床的电源开关，只是把摇臂推到一边，就戴着手套搬动工件。这时，飞速旋转的钻头缠住了吴某的手套，强大的力量拽着吴某的手臂往钻头上缠绕。吴某一边喊叫，一边拼命挣扎，等其他工友听到喊声关掉钻床，吴某的手套、工作服已被撕烂。

［事故原因］

1）吴某安全意识淡薄，违反钻床工的安全操作规程，测量零件时没有关掉钻床的电源开关。

2）吴某违反钻床工的安全操作规程，在钻削工件时戴手套。

（9）工作结束时，要将横臂降到最低位置，主轴箱靠近主轴，并且要夹紧。

（10）磨钻头时一定要戴护目镜。

（11）工作场地要清洁整齐，工件不能堆放在工作台上，以防掉落伤人。

安全知识链接

◆ 某公司钻床工马某在压力锅装配车间用台钻加工工件，他加工完后，在把钻头退出工件时，工件被夹在钻头上，并在惯性作用下快速旋转，其左手大拇指被工件割断筋骨。

◆ 某公司钻床工王某在钻削某产品的底盘时，由于注意力不集中，底盘上面的布被钻头缠绕，顺带把王某的左手食指刮伤。

◆ 某公司职工在模具制造车间用台钻钻孔，在更换 V 带时，不慎被台钻上的 V 带伤到右手中指。

◆ 某公司钻床工朱某因违反钻床工上岗时不能戴手套的安全操作规程，结果手套被台钻卷进去，造成右手中指骨折。

◆ 某公司金工车间台钻工王某在工作时，因台钻工作面上堆放工件过多，左手中指不慎被产品砸伤。

◆ 某公司职工王某在台钻上工作时，台钻上锥柄突然脱落下来，砸伤王某左手的无名指。

◆ 某公司职工吴某在钻孔时，由于戴手套操作，手套的线头被台钻卷入，手指被卷伤。

◆ 某公司职工黄某在使用钻床加工涂装台车轮子的固定板，在清理铁屑时戴手套操作，导致左手手套及手指被钻头卷入，且未能及时关闭电源，造成左手食指多处划伤。

◆ 某公司职工周某在车间操作台钻时，由于不听车间主任及班组长的劝告，戴手套操作台钻，结果手套被台钻卷进去，造成左小指第二、三节损伤，手腕破裂伤。

◆ 某公司职工张某操作台钻时，因工件未夹紧，以致打伤左手拇指。

◆ 某公司职工应某在金工车间钻火花塞时，因钻床出现故障，在检查时，碰到开关，台钻突然转动，右手大拇指被 V 带卷进划伤。

第五节　镗削加工安全生产知识

一、镗削加工中易发生的伤害事故及其原因

1. 操作者被镗床卷入

引起这类伤害事故主要有以下原因：

（1）旋转的主轴和平旋盘上的凸出部分没有安全防护装置。

（2）操作者没有穿戴合适的防护服，操作过程中穿着过于肥大的衣物或戴手套操作。

（3）操作者过于接近旋转的运动部件，使衣物或手套被旋转部件卷入。

2. 操作者受到工件或刀具的伤害

引起这类伤害事故主要有以下原因：

（1）检查测量工件时，没有停车。

（2）检查测量工件时，虽已停车，但没有把刀具退到安全位置，以致刀具碰伤操作者。

（3）装夹工件时没有及时把扳手拿下来。

（4）工件装夹不牢固，在镗削中工件松动，致使刀轴弯曲，甚至折断伤人。

（5）在装夹大型工件时，操作不当，使手挤压在工具与夹具之间。

【案例 2-29】扳手未拿下就开机引发的伤害事故

［事故经过］

某日某企业金工车间镗削任务较繁重，镗床工郝师傅比较忙，就请厂长帮忙找一个帮手。这个厂长就走到其他车间找了工作不太忙的工人小王来帮忙。郝师傅讲了一些操作要点

后，就边操作边教小王。三天后，郝师傅比较忙，有事离开一下，他叫小王在他没回来之前别干。小王看见师傅走后，心想这两天都看明白了，应该没有什么困难的，于是就动手干了起来。他用扳手把工件夹紧，但是忘了把扳手拿下来，就去开动镗床。在工作中，扳手随着轴不停旋转，打到了小王的腿。

[事故原因]

1）厂长和郝师傅未对小王进行安全教育。

2）小王不听从郝师傅的指挥，私自开动镗床。

3）小王违章操作，在开机前没有将扳手从镗床上拿下来。

二、镗工的安全操作规程

（1）工作前应认真检查夹具及锁紧装置是否完好、正常。

（2）调整镗床时应注意：升降镗床主轴箱之前，要先松开立柱上的夹紧装置，否则会使镗杆弯曲及夹紧装置损坏而造成伤害事故；装镗杆前应仔细检查主轴孔和镗杆是否有损伤，是否清洁；安装时不要用锤子和其他工具敲击镗杆，迫使镗杆穿过尾座支架。

（3）工件夹紧要牢固，工作中不能让工件松动。

（4）工作开始时，应用手动进给方式，当刀具接近加工部位时，再用自动进给方式。

（5）当刀具在工作位置时不要停车或开车，应待其离开工作位置后，再开车或停车。

（6）机床运转时，切勿将手伸过工作台。

（7）在检查和测量工件时，应停机，并且将刀具退到安全位置。

（8）大型镗床应设有梯子或台阶，以便于工人操作和观察。梯子坡度不应大于50°，并设有防滑脚踏板。

第六节 铣削加工安全生产知识

一、铣削加工中易发生的伤害事故及其原因

铣床伤害在各种机床操作中（除冲床以外），事故发生较频繁，伤害后果通常很严重。

1. 操作者被铣床卷入

引起这类伤害事故主要有以下原因：

（1）铣刀的刀杆等凸出部分没有安全防护装置。

（2）操作者没有穿戴合适的防护服，操作过程中穿着过于肥大的衣物或戴手套操作，女工没有将长辫或长发塞入工作帽内。

（3）操作者过于接近旋转的运动部件，使衣物被旋转部件卷入。

2. 操作者的手指受到伤害

引起这类伤害事故主要有以下原因：

（1）铣刀切削刃锋利，用手直接拿刀具时手指被割伤。

（2）铣削过程中，用手直接去摸刀具或工件，手指被烫伤。

（3）检查和测量工件时没有停机。

3. 操作者被工件或刀具等伤害

引起这类伤害事故主要有以下原因：

（1）未把刀片与有关零件夹紧，在铣削中有脱落或飞出的可能。

（2）夹紧力太大造成刀片产生微裂纹，导致刀具破损飞出；刀具高速旋转离心力较大，且刀具过度磨损使铣削力剧增，导致刀具破损飞溅，飞溅的碎屑可能伤及人的眼睛。

（3）高温的切屑飞溅及过长切屑排出，可造成伤害及烫伤操作人员。

【案例 2-30】靠近高速旋转的铣刀引发的伤害事故

［事故经过］

某企业因赶一批货，车间主任安排点焊操作工徐某去干铣床工作，经过黄师傅的带教后，点焊操作工徐某就独立操作了。中午 12 时 30 分，吃完中饭后徐某正常上班，在操作第一块产品时过分靠近高速旋转的铣刀，不慎被铣床刀片割伤左手。

［事故原因］

1）车间主任及黄师傅对于刚转岗的徐某未进行铣削的安全知识教育。

2）徐某违反铣削的安全操作规程，工作时过于靠近高速旋转的铣刀。

3）企业负责人未督促、检查本单位的安全生产工作，未及时消除安全事故隐患。

二、铣工的安全操作规程

铣工的安全操作规程

（1）工人应穿紧身工作服，袖口扎紧；女同志要戴防护帽；高速铣削时要戴护目镜；铣削铸铁件时应戴口罩；操作时，严禁戴手套，以防将手卷入旋转刀具和工件之间。

（2）操作前应检查铣床各部件、电气部分及安全装置是否安全、可靠，检查各个手柄是否处于正常位置，并按规定对各部位加注润滑油，然后开动机床，观察机床各部位有无异常现象。

（3）工作时，先开动主轴，然后做进给运动，在铣刀还没有完全离开工件时不应使主轴停止旋转。机床运转时，不得调整、测量工件和改变润滑方式，以防手触及刀具碰伤手指。

（4）操作中如果需要近距离精细观察须停车，以免头发、帽子被卷入。

（5）采用工作台快速进给方式时，要把手轮离合器打开，以防手轮快速旋转伤人。在铣刀旋转未完全停止前，不能用手去制动。

（6）铣削中不要用手直接清除切屑，也不要用嘴吹，以防切屑损伤皮肤和眼睛。

（7）装卸工件时，应将工作台退到安全位置；使用扳手紧固工件时，用力方向应避开铣刀，以防扳手打滑时撞到刀具或夹具。将沉重的工件和夹具搬上工作台时，一定要轻放，不许撞击，不要在台面上做任何敲击动作。

（8）装拆铣刀时要用专用衬垫垫好，不要用手直接握住铣刀。

（9）修理机床前必须关掉机床电源总开关。

【案例2-31】修理机床未切掉总电源引发的伤害事故

［事故经过］

某企业铣工贾某上班后，加工汽油机的箱体，加工过程中发现铣刀盘上用于固定铣刀的螺钉已滑丝，贾某开始拆卸铣刀盘，当拆到最后一个螺钉时，刀盘下滑碰到夹具。为移开夹具，贾某错按起动开关，使已松开的刀盘撞到夹具，紧固螺钉受撞击弯曲导致刀盘飞出，击中贾某左胸部。

［事故原因］

1）贾某违反安全操作规程，修理机床时没有把总电源开关关掉。

2）贾某缺少安全操作技能，拆卸刀盘前没有转动换刀制动开关，拆卸操作中处置不当，错按起动开关。

3）企业对员工缺少足够的安全生产知识教育培训，安全生产规章制度和操作规程不健全。

4）企业没有按规定设置安全生产机构和配备专职安全生产管理人员。

［对策措施］

1）培养职工安全意识，提高职工安全操作技能。

2）完善各项安全生产规章制度和操作规程，落实安全生产责任制。

3）设置安全生产机构和配备专职安全生产管理人员。

（10）工作完毕后，应清洗机床、加油，检查手柄位置，以及对机床夹具、刀具等进行一般性检查，发现问题要及时调整或修理，不能自行解决时应向上级反映情况。

安全知识链接

下面是某市劳动局社保处提供的部分典型铣削工伤事故资料。

◆ 某公司金工车间员工周某在调试铣床时，左手无名指不慎被铣刀割伤。

◆ 某公司员工朱某在操作铣床时因铣床的一个螺钉松动，未来得及处理，被高速转动的铣床撞伤左手食指和中指两节指头。

◆ 某企业金工车间铣床工向某在调整铣床切削液时，左手手套被工具钩住，五指被全部割断。

◆ 某公司铣工王某在使用25T行车吊移上下模组合件过程中，下模脱落，砸在该职工身上。

◆ 某公司员工应某在操作铣床时，将支架放在铣床上加工，应某在调整产品位置时因产品跟铣床上的铣刀距离太近，手碰到正在运行的铣刀，造成右手受伤。

第七节　刨削加工安全生产知识

一、刨削加工中易发生的伤害事故及其原因

1. 操作者被刨床撞伤

引起这类伤害事故主要有以下原因：

（1）牛头刨床的滑枕做往复直线运动，可能将操作者身体挤向固定物体，如墙壁、柱子及堆放物等。

（2）龙门刨床的工作台带动工件沿床身导轨做往复直线运动，工作台可能撞击操作者或将操作者压向固定物体，如墙壁、柱子及堆放物等。

【案例 2-32】通道狭窄引发的伤害事故

[事故经过]

某企业刨床工许某在车间从事刨床工作，在刨床旁边堆了一些笨重的大块铁制品。许某做好工件加工前的准备工作，就让刨床自动加工，自己坐在凳子看报纸。看完报纸后，许某向工人李某要杂志看，李某叫许某自己过去拿。由于刨床的左边有物品堆放，许某就准备从不断做往复直线运动的刨床右边通道过去。由于刨床右边距墙壁很近，许某不慎被机床撞伤。

[事故原因]

1）许某安全意识淡薄，在上班时间看报纸和杂志。

2）刨床左边有物品堆放，影响了通道顺畅。

3）许某在机床未停机时离开工作岗位，且为了走捷径从距墙壁很近的刨床右边通过。

2. 操作者被工件或刀具等伤害

引起这类伤害事故主要有以下原因：

（1）刨刀工作时受冲击较大，易使刀具崩刃或工件滑出。

（2）牛头刨床的滑枕可能使操作者的手挤在刀具与工件之间。

（3）加工大型零件，工人站在工作台上调整工件或刀具，由于机床失灵造成伤害事故。

（4）刨削时飞溅出的切屑伤人，散落在机床周围的切屑也会伤及人的脚部。

二、刨工的安全操作规程

（1）工作时应穿工作服，戴工作帽，头发应塞入工作帽内。

（2）开机前必须认真检查机床电气与转动机构是否良好、可靠，油路是否畅通，润滑

油是否加足。

（3）工作时的操作位置要正确，不得站在工作台前面，防止切屑及工件落下伤人。

（4）工件、刀具及夹具必须装夹牢固，刀杆及刀头尽量缩短伸出长度，以防工件“走动”，甚至滑出，使刀具损坏或折断，甚至造成设备事故和人身伤害事故。

（5）刨床安全保护装置，均应保持完好无缺，灵敏可靠，不得随意拆下，并要随时检查，按规定时间保养，保持机床运转良好。

（6）机床运行前，应确保所有手柄、开关及控制旋钮处于正确位置。机床工作台面上不得随意放置工具或其他物品，以免机床开动后，发生意外伤人。

（7）机床运转时，禁止装卸工件、调整刀具、测量检查工件和清除切屑。机床运行时，操作者不得离开工作岗位。观察切削情况时，头部和手在任何情况下不能靠近刀具的行程之内，以免碰伤。

（8）不准用手直接抚摸工件表面，不得用手直接清除切屑，以免伤人及切屑飞入眼内，切屑要用专用工具清扫，并应在停车后进行。

（9）牛头刨床的工作台或龙门刨床的刀架做快速移动时，应将活动手柄取下或脱开离合器，以免手柄快速转动损坏或飞出伤人。

（10）装卸大型工件时，应尽量用起重设备。工件起吊后，不得站在工件的下面，以免发生意外事故。工件卸下后，要将工件放在合适位置，且要放置平稳。

（11）工作结束后，应关闭机床电气系统和切断电源。所有操作手柄和控制旋钮都扳到空挡位置，然后再做清理工作，并润滑机床。

第八节　磨削加工安全生产知识

一、磨削加工中易发生的伤害事故及其原因

1. 操作者被破碎的砂轮击伤

引起这类伤害事故主要原因：砂轮质量不良、保管不善、规格型号选择不当、安装出现偏心，或进给速度过大等原因，磨削时可能造成砂轮的碎裂，从而导致操作者被击伤。

【案例 2-33】砂轮爆裂引发的伤害事故

［事故经过］

某公司职工王某到自己作业的砂轮机前，动手将磨损的砂轮调节器拆下。装上新砂轮后开机，在空转约 40min 后，站在砂轮的正面用砂轮整形刀整形，该砂轮突然爆裂，王某被爆裂的砂轮击中。

［事故原因］

1）企业缺乏安全操作规程和设备管理制度，使用的砂轮机长期无砂轮罩运行。

2）王某安全操作意识不强，用砂轮整形刀整形时站在砂轮切线飞出方向。

［对策措施］

1）员工修整砂轮时不要正站在砂轮的切线飞出方向。

2）企业应加强职工设备管理和安全操作规程的学习。

【案例 2-34】正对着砂轮磨削引发的伤害事故

［事故经过］

某工厂女工池某在磨刀时，她没有等砂轮旋转几分钟后就开始磨削，磨削时人正对着砂轮，砂轮突然发生爆裂，池某被砂轮击中。

［事故原因］

1）池某缺乏安全操作知识，在加工前没有检验砂轮有无裂纹，在磨削过程中人正对着砂轮。

2）企业缺乏对职工的安全操作规程教育。

2. 操作者手受到伤害

引起这类伤害事故主要有以下原因：

（1）磨工具时操作者的手碰到砂轮或磨床的其他运动部件。

（2）修正砂轮时方法不正确，工人的手可能碰到砂轮或磨床的其他运动部件而受到伤害。

3. 操作者的感官受到伤害

引起这类伤害事故主要有以下原因：

（1）磨削加工时，会从砂轮上飞出大量细的磨屑，从工件上飞溅出大量的金属屑，磨屑和金属屑都会使操作者的眼部受到损伤。

（2）磨削加工时产生的噪声最高可达 110dB，操作者的耳部易受到损伤。

二、砂轮在安装和使用时的安全注意事项

安装和使用砂轮安全注意事项

（1）根据砂轮使用说明书，选用与机床主轴转数相符的砂轮。所选用的砂轮要有出厂合格证或检查试验标志。

（2）对砂轮进行全面检查，发现砂轮质量、硬度和外观有裂纹等缺陷时不能使用。

（3）安装砂轮的法兰盘不能少于砂轮直径的 1/3 或大于 1/2，法兰盘与砂轮之间要垫好衬垫。

（4）直径大于或等于 ϕ200mm 的砂轮装上砂轮卡盘后，应先进行静平衡。

（5）螺母紧固要适当，紧固螺母时要用专用扳手，用多个螺栓紧固砂轮时，应成对拧紧，均匀用力。

（6）砂轮装完以后，要安好防护罩，要经过 5～10min 的试运转，起动时不要过急。

（7）未完成安装调试的砂轮不准移交使用。

三、磨工的安全操作规程

磨工的安全操作规程

（1）干磨或修整砂轮时要戴护目镜。

（2）检查砂轮是否松动，有无裂纹，防护罩是否牢固、可靠，发现问题时不准开动。

（3）砂轮正面不准站人，操作者应站在砂轮的侧面。

（4）砂轮的转速不准超限，进给前要选择合理的进给量。

（5）装卸工件时，砂轮要退到安全位置。

（6）工件未退离砂轮时，不得使砂轮停止转动。

（7）用金刚石修砂轮时，要用固定架将金刚石衔住，不准徒手持握金刚石。

（8）吸尘器必须保持完好有效，并充分利用。

（9）磨削过程中禁止用手摸工件的加工面。在磨削中砂轮破碎时，不要马上退出，应使其停止转动后再处理。

（10）不是专门用于端面磨削的砂轮，禁止进行端面磨削。

（11）干磨工件不准中途加切削液；温式磨床切削液停止时应立即停止磨削；温式作业工作完毕后应将砂轮空转 5min，将砂轮上的切削液甩掉。

事故调查报告（三）：戴手套违规操作，打磨工意外身亡

某日 9 时 20 分许，某休闲用品有限公司发生一起机械伤害事故，造成一名打磨工死亡。死者韩某，男，汉族，年龄 30 岁，某休闲用品有限公司的打磨工。

［事故发生经过及事故救援情况］

某日 9 时 20 分许，某休闲用品有限公司金工车间内打磨工韩某戴手套操作倒角机，把管子放到倒角机上打磨管子口的毛刺，打磨好的管子从倒角机另一边输出到物料架里，如果物料架上的管子不整齐，需要把管子整理整齐。韩某在未关停倒角机的情况下，去整理物料架里不整齐的管子时，不慎卷入倒角机的转动轴上。旁边打磨工叶某发现后，向金工车间主任吴某汇报，吴某到了现场后拨打了急救电话，行政科科长应某拨打了火警电话。消防队员到达现场后，将倒角机的转动轴切断，救下韩某。救护车将韩某送至市第一人民医院，经抢救无效后死亡。

［事故原因］

1. 直接原因

打磨工韩某安全意识淡薄，缺乏安全操作技能，自我防范意识不强，戴着手套操作倒角机，不慎卷入倒角机的转动轴上，导致其死亡。

2. 间接原因

1）某休闲用品有限公司未认真落实安全生产主体责任，未保证从业人员具备必要的安全生产知识，未使从业人员熟悉本岗位的安全生产规章制度和安全操作规程，未使从业人员掌握本岗位的安全操作技能，从业人员未经安全生产教育培训合格就上岗作业。

2）某休闲用品有限公司执行总经理沈某未认真履行安全生产管理职责，未督促、检查本单位的安全生产工作，未及时消除生产安全事故隐患。

［事故责任认定及处理意见］

1）打磨工韩某安全意识淡薄，缺乏安全操作技能，自我防范意识不强，戴手套操作倒角机，不慎卷入倒角机的转动轴上，是导致本次事故的直接原因，应负直接责任。因其在本次事故中死亡，故不予追究。

2）某休闲用品有限公司未认真落实安全生产主体责任，未保证从业人员具备必要的安全生产知识，未使从业人员熟悉本岗位的安全生产规章制度和安全操作规程，未使从业人员掌握本岗位的安全操作技能，从业人员未经安全生产教育培训合格就上岗作业，导致本次事故发生，违反了《中华人民共和国安全生产法》有关规定，对事故的发生负有责任。建议相关部门依据《中华人民共和国安全生产法》有关规定，对某休闲用品有限公司实施行政处罚。

3）某休闲用品有限公司执行总经理沈某未认真履行安全生产管理职责，未督促、检查本单位的安全生产工作，未及时消除生产安全事故隐患。违反了《中华人民共和国安全生产法》有关规定，对事故的发生负有责任。建议相关部门依据《中华人民共和国安全生产法》有关规定，对沈某实施行政处罚。

安全知识链接

◆ 某公司员工徐某在磨削时，铁屑不小心飞进右眼。

◆ 某公司职工龙某使用磨床加工零件时，不慎被一块铁板划伤右脚腕。

◆ 某公司员工方某在磨滚刀作业时不小心被砂轮伤到右手中指。

◆ 某压铸厂金工车间员工何某在工作时，不小心被砂轮机磨伤右手中指。

◆ 某公司职工杨某在金工车间磨完缸套，在拔出缸套时，不小心碰到砂轮，使左手磨伤。

◆ 某公司员工盛某在工作时，右手被砂轮机卷入辗压伤。

◆ 某公司职工吕某在金工车间平面磨床上加工工件时，右手大拇指受伤。

◆ 某公司电机车间职工郭某在使用磨床时，因扳手打滑，打伤左手拇指、食指和中指。

◆ 某公司职工龙某在金工车间从事磨削工作时，左手不慎被砂轮片击伤。

◆ 某企业职工在磨边车间磨1522mm×745mm×5mm玻璃时，发现磨边机上有片玻璃有裂痕，拿起准备竖放在地上时，玻璃上段突然裂开落下，造成身上多处受伤，左颈部、胸部、左手腕、右手大拇指都有不同程度的划伤。

第九节 抛光安全生产知识

一、抛光时易发生的伤害事故及其原因

1. 操作者手指受到伤害

引起这类伤害事故主要有以下原因：

(1) 抛光时操作者手拿着产品对着抛光机进行抛光，由于近距离操作极易对手造成伤害。

(2) 抛光时操作者戴手套代替垫手布隔热，导致手套被工件卷起带入轮子。

2. 操作者头部等受到伤害

引起这类伤害事故主要有以下原因：

(1) 操作者抛光时工件掉落未关机，低头捡物抬头时磨破头皮。

(2) 操作者抛光时因失手，工件反弹砸伤头部。

(3) 操作者未穿紧身衣服、袖口没扣紧，导致衣服或袖口被抛光机卷入。

(4) 操作者工件握法欠妥，工件掉地时砸伤脚面。

二、抛光工的安全操作规程

(1) 工作前要穿戴好护目镜、围裙、帽子等个人防护用品，方可上岗操作。

(2) 安全使用机床设备，不准使用超规格的布轮。

(3) 遇到工件掉落地面时，要先关机方可捡工件。

(4) 工作时严禁戴线手套，工件隔热可用垫手布。

(5) 为避免形状复杂工件抛光时掉落砸坏，事先要设计好相应的胎膜予以固定。

(6) 如两人共同使用一台机床，在需要更换布轮时必须在通知对方后方可关机。

(7) 当抛光工件被机床绕住，要立即关机并躲开。

(8) 要经常清除吸风口的布绒，防止打磨工件时产生火星而引起燃烧。

(9) 布轮必须装牢，不许拆除布轮防护罩。

(10) 抛光时应拿稳工件，用力应适当。必要时要安装托架，以防工件脱手伤人。

(11) 为防止工件落地砸伤脚面，同时设计了一种踏板似的木板框，工作时保护脚面（脚伸进框架内即能起到防护作用）。

安全知识链接

◆ 某公司员工马某工作时由于其上衣过于肥大，被卷入抛光轮中，严重擦伤其左侧手臂。

◆ 某杯业公司员工屈某在抛光车间进行抛光工作时，被抛光轮打伤。

◆ 某杯业公司员工刘某在抛光车间抛光不锈钢产品时，不慎被千页轮把右手臂打伤。

◆ 某市某企业职工王某在抛光车间内工作时，额头被抛光工具割伤。

◆ 某市某企业职工徐某在抛光车间内工作时，左手指被抛光砂轮割伤。

◆ 某公司员工范某在上班时右手被抛光机卷入受伤。

◆ 某公司职工汪某在抛光车间从事抛光工作时，右手臂不慎被机器打伤。

◆ 某公司抛光车间职工李某被飞出的高压锅砸伤左腿。

◆ 某公司抛光车间抛光员工吴某在抛光哨壶嘴时，右手上的手套被麻轮边缘碰到，右手拇指受伤。

思考与练习

1. 金属切削加工中易发生哪些伤害事故?
2. 试述机床工的安全操作规程。
3. 切削加工中易发生哪些伤害事故?
4. 刀具在安装和使用时有哪些安全注意事项?
5. 试述车工的安全操作规程。
6. 钻削加工中易发生哪些伤害事故?
7. 试述钻床工的安全操作规程。
8. 镗削加工时易发生哪些伤害事故?
9. 铣削加工时易发生哪些伤害事故?
10. 试述铣床工的安全操作规程。
11. 试述刨床工的安全操作规程。
12. 磨削加工中易发生哪些伤害?
13. 试述抛光工的安全操作规程。

第三章 数控机床加工安全生产知识

第一节　数控车削安全生产知识

一、数控车削前的安全注意事项

在进行数控车削前须穿好工作服、安全鞋，戴好工作帽及护目镜，不允许戴手套操作机床。并注意以下安全注意事项：

（1）机床开始工作前要有预热，认真检查润滑系统工作是否正常，如机床长时间未开动，可先采用手动方式向各部分供油润滑。

（2）使用的刀具应与机床允许的规格相符，有严重破损的刀具要及时更换。

数控车削前的安全注意事项

（3）调整刀具，所用工具不要遗忘在机床内。

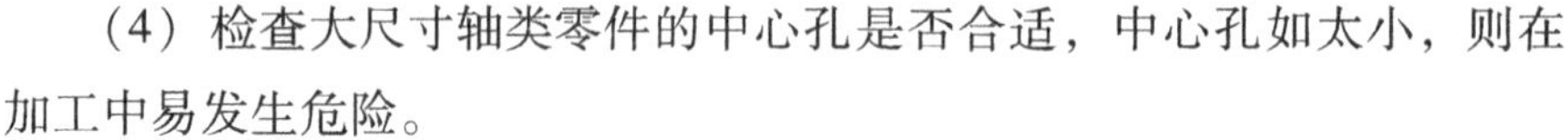

（4）检查大尺寸轴类零件的中心孔是否合适，中心孔如太小，则在加工中易发生危险。

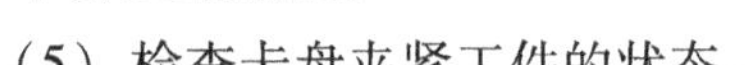

（5）检查卡盘夹紧工件的状态。

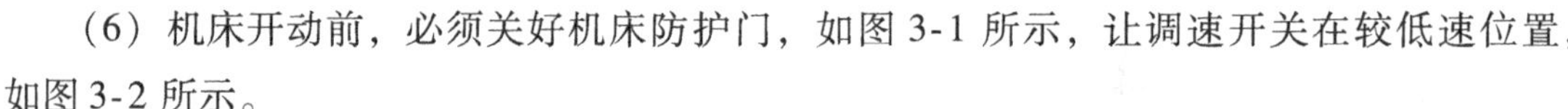

（6）机床开动前，必须关好机床防护门，如图 3-1 所示，让调速开关在较低速位置，如图 3-2 所示。

图 3-1　加工前先关好机床防护门

图 3-2　加工前让调速开关在较低速位置

二、数控车削中的安全注意事项

数控车削中的安全注意事项

（1）禁止用手接触刀尖和铁屑，铁屑必须要用铁钩子或毛刷来清理。

（2）禁止用手或其他任何方式接触正在旋转的主轴、工件或其他运动部位。

（3）禁止加工过程中测量工件，禁止用棉丝擦拭工件，也不能清扫机床。

（4）机床运转中，操作者不得离开岗位。

（5）在加工过程中，禁止打开机床防护门。

（6）严格遵守岗位责任制，机床由专人使用，他人使用前须经本人同意。

（7）工件伸出车床 100mm 以外时，须在伸出位置设防护装置。

（8）操作者必须在完全清楚操作步骤后进行操作，禁止在不知道操作规程的情况下进行尝试性操作，发现机床异常现象应立即停车。

【案例 3-1】站在工作圈上操作引发的伤害事故

［事故经过］

某公司职工臧某和其徒弟王某对一大型数控车床进行调试，在调试过程中车刀发生故障，需要重新对刀。臧某为了省事，没有站在工作台上操作，而是直接站在车床车刀工作圈上，手持控制台进行操作。该手持控制台分别有点动、长动、停止按钮，由于操作失误，臧某本应该按点动按钮，却误按了长动按钮，导致车床连续旋转，臧某从车床车刀工作圈上掉下来受伤。

（9）手动回原点时，注意机床各轴位置，机床原点回归顺序为：首先 +X 轴，其次 +Z 轴。

（10）使用手轮或快速移动方式移动各轴位置时，一定要看清机床 X、Z 轴各方向“+、-”号标牌后再移动。移动时先慢转手轮观察机床移动方向无误后，方可加快移动速度。

（11）编完程序或将程序输入机床后，须仔细检查程序的正确性，并进行图形模拟，准确无误后再进行机床试运行，并且刀具应离开工件端面 200mm 以上。

【案例 3-2】换刀时未考虑安全距离引发的伤害事故

［事故经过］

某职校学员在反刀粗车以后，由于编程中没考虑换刀的安全距离，导致刀具换刀时撞击工件，数控车削加工中工件被撞飞，如图 3-3 所示，使得工件断裂，刀具损坏。由于撞击力过大，导致刀架的位置偏移，如图 3-4 所示，从而影响机床的加工精度。

图 3-3　数控加工中撞飞工件

图 3-4　数控车床刀架位置偏移

【案例 3-3】漏编小数点引起的机床损坏事故

[事故经过]

某职校学员应某在编程时漏写了小数点，导致在反向进刀时，刀具和工件发生猛烈碰撞，如图 3-5 所示，结果工件断裂，刀具损坏，刀架无法正常转动并丧失了位置精度，如图 3-6所示，修理机床费达数万元。

图 3-5　因漏写小数点刀具和工件发生碰撞

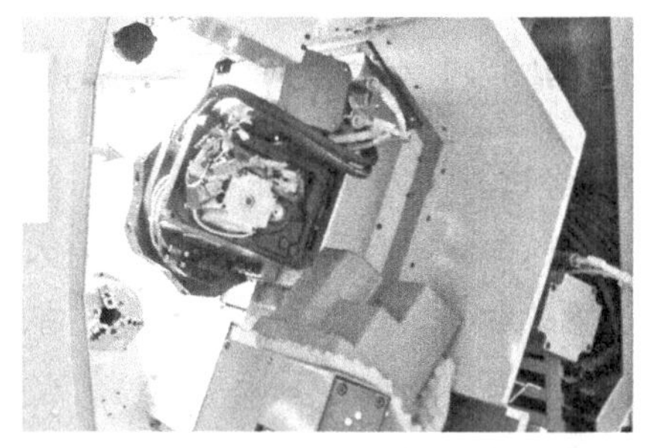

图 3-6　刀架无法正常转动并丧失了位置精度

（12）启动程序时，可将右手轻放在急停按钮上，程序在运行过程中手不能离开急停按钮，如图 3-7 所示，如有紧急情况立即按下急停按钮。程序在运行时也可将右手轻放在复位开关上，如图 3-8 所示，如有紧急情况立即按下复位开关。

图 3-7　右手轻放在急停按钮上

图 3-8　右手轻放在复位开关上

（13）切削加工过程中不能打开防护门，以免铁屑、润滑油等飞出。

（14）在程序运行中不能测量工件尺寸，要等机床主轴停转后方可进行测量或装夹工件，以免发生伤害事故。

【案例 3-4】机床未停稳就扳卡盘引发的伤害事故

[事故经过]

某公司职工石某在数控车间操作数控车床加工产品，由于机床没有完全停止旋转就用卡盘钥匙去扳卡盘，结果卡盘钥匙飞出来打在左手手腕上，造成左手腕韧带受伤。

（15）在机床上，特别是机床的运动部件上不能放置工件、工具等。

（16）关机时，要等主轴停转3min后方可关机。

（17）未经许可，禁止打开电气柜。

（18）修改程序的钥匙，在程序调整完后，要立即拿掉，不得插在机床上，以免无意改动程序。

三、数控车削后的安全注意事项

数控车削后的安全注意事项

（1）清除切屑、擦拭机床，使机床与环境保持清洁状态。

（2）注意检查或更换磨损坏了的机床导轨上的油擦板。

（3）检查润滑油、切削液的状态，及时添加或更换。

（4）依次关掉机床操作面板上的电源和总电源。

第二节　数控铣削安全生产知识

一、数控铣削前的安全注意事项

在进行数控铣削前须穿好工作服、安全鞋，戴好工作帽及护目镜，不允许戴手套操作机床。并注意以下安全事项：

数控铣削前的安全注意事项

（1）数控铣床如图3-9所示，在开始前工作要有预热，认真检查润滑系统工作是否正常，如机床长时间未开动，可先采用手动方式向各部分供油润滑。

（2）使用的刀具应与机床允许的规格相符，有严重破损的刀具要及时更换。

（3）调整刀具，所用工具不要遗忘在机床内。

（4）检查卡盘夹紧工件的状态，如图3-10所示。

（5）装刀、换刀时左手握住刀柄，右手按住换刀开关，如图3-11所示，刀具安装好后应进行一、二次试切削。

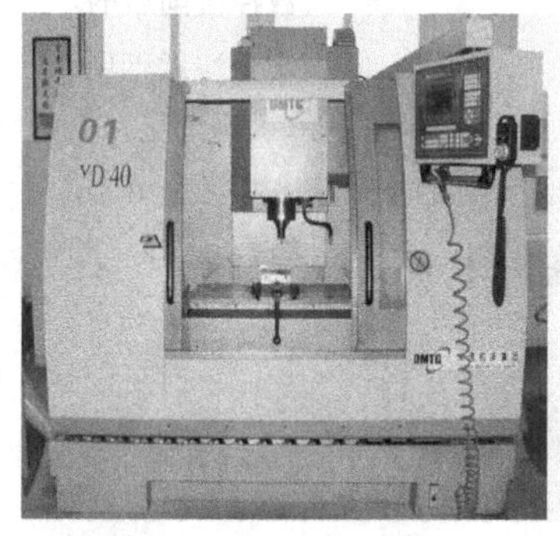

图3-9　数控铣床

图3-10　卡盘夹紧工件

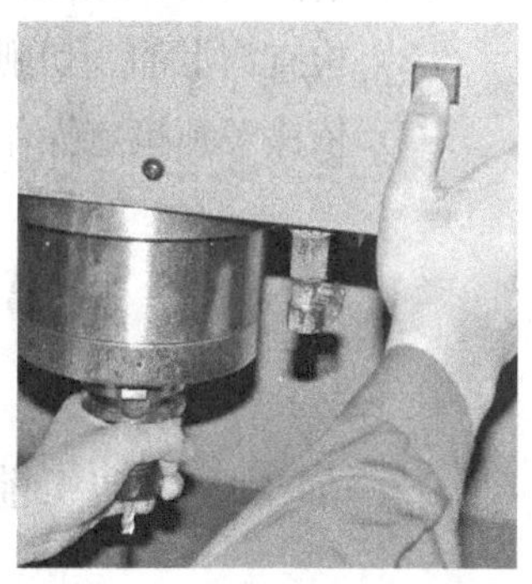

图3-11　装刀、换刀方法

二、数控铣削中的安全注意事项

数控铣削中的安全注意事项

（1）禁止用手接触刀尖和铁屑，铁屑必须要用铁钩子或毛刷来清理。

（2）禁止用手或其他任何方式接触正在旋转的主轴、工件或其他运动部位。

（3）在加工过程中，不允许打开机床防护门。正确示范如图 3-12 所示。

（4）加工过程中不能测量工件，如图 3-13 所示，更不能用棉丝擦拭工件，也不能清扫机床。

图 3-12　加工过程中要关防护门

图 3-13　加工过程中不能测量

（5）铣床运转中，操作者不得离开岗位，发现机床异常现象应立即停车。

（6）经常检查轴承温度，温度过高时应报告有关人员进行检查。

（7）严格遵守岗位责任制，机床由专人使用，他人使用前须经本人同意。

（8）编完程序或将程序输入机床后，须仔细检查程序的正确性，并进行图形模拟，准确无误后再进行机床试运行。

（9）启动程序时，可将右手轻放在急停按钮上，程序在运行过程中手不能离开急停按钮，如有紧急情况立即按下急停按钮。

三、数控铣削后的安全注意事项

数控铣削后的安全注意事项

（1）清除切屑，擦拭机床，使机床与环境保持清洁状态。

（2）检查润滑油、切削液的状态，及时添加或更换。

（3）依次关掉机床操作面板上的电源和总电源。

第三节　加工中心安全生产知识

一、加工中心加工前的安全注意事项

使用加工中心进行加工前须穿好工作服、安全鞋，戴好工作帽及护目镜，不允许戴手套操作机床，并注意以下安全事项：

（1）加工中心（图3-14）通电后，检查各开关、按钮和功能键是否正常、灵活，检查润滑系统工作是否正常；操作者不要打开和接触机床上示有闪电符号或装有强电装置的部位，以防被电击伤。

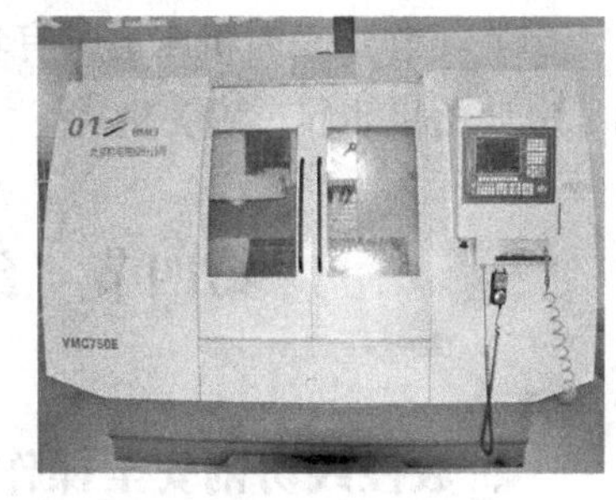

图3-14　加工中心

（2）检查工作台旋转有无障碍，禁放工具和杂物，保持工作台的正常运转和清洁。

（3）检查并确认刀具在刀具库中的位置，避免刀具错位发生切削事故。

（4）检查并确认工件是否夹紧，防止工件移动损坏刀具。

二、加工中心加工中的安全注意事项

（1）检查程序，确保程序正确无误，认真检查工件坐标系是否正确，检查刀具补偿是否正确。切削前必须进行图形模拟，确认无误，方可进行加工。

（2）把排屑器打开，保持机床内的卫生。

（3）机床主轴启动，开始切削时应关好防护门。正常运行时禁止按急停和复位按钮；加工中严禁开启防护门。

（4）加工过程中认真观察切削情况，确保机床刀具正常运行及工件质量。加工过程中不允许擅自离开机床，如遇紧急情况应按急停按钮，经修正后方可再进行加工。

（5）机床在运转时，禁止用手或其他方式接触正在旋转的主轴、工件或其他运动部位。

（6）测量工件，清除切屑，调整工件，装卸刀具等必须在停机状态下进行。

（7）导轨面、工作台严禁放置重物，如毛坯、手锤、扳手等，并严禁敲击。

（8）工具和量具的放置应符合安全操作规定。

（9）严禁用气枪对人吹气和玩耍等。

（10）不得擅自修改、删除机床参数和系统文件。

（11）在打雷时，不要开动机床，以免雷击时的瞬时高电压和大电流易冲击机床，造成模块烧坏或数据丢失。

三、加工中心加工后的安全注意事项

（1）加工完毕，应将刀库中的刀具卸下，注意加工中心换刀位置，如图3-15所示，按调整卡或程序编号入库，并加好防锈油。

图3-15　加工中心换刀位置

（2）清除切屑，擦拭机床，使机床与环境保持清洁状态。

（3）检查润滑油、切削液的状态，及时添加或更换。

(4) 工作结束时机床上所有功能键应处在复位位置，工作台处于机床正中，要加润滑油。按照关机步骤正确关机。

第四节　线切割和电火花安全生产知识

一、数控线切割安全操作规程

(1) 要注意开机的顺序，先按走丝机构按钮，再按工作液泵按钮，使工作液顺利循环，并调好工作液的流量和冲油位置，最后按高频电源按钮进行切割加工。

线切割安全操作规程

(2) 每次新安装完钼丝后或钼丝过松，在加工前都要紧丝。

(3) 操作储丝筒后，应及时将手摇柄取出，防止储丝筒转动时将手摇柄甩出伤人。

(4) 换下来的废旧钼丝不能放在机床上，应放入规定的容器内，防止混入电器和走丝机构中，造成电器短路、触电和断丝事故。

(5) 装拆工件时，须断开高频电源，以防触电，同时要防止碰断钼丝。

(6) 加工前要确认工件安装位置正确，以防碰撞丝架和超行程撞坏丝杠、电动机等部件。

(7) 加工时，不得用手触摸钼丝和用其他物件敲打钼丝。

(8) 在正常停机情况下，一般把钼丝停在丝筒的一边，以防碰断钼丝后造成整筒丝报废。

(9) 机床打开电源后，不可用手或手持金属物件同时触摸加工电源的两端，以防止触电。

(10) 禁止用湿手、污手按开关或接触计算机键盘、鼠标等电器设备。

(11) 工作结束后应切断电源，并进行清扫。

二、数控电火花安全操作规程

(1) 要注意开机的顺序，先按进油冷却按钮，调整液面高度、工作液流量，是否对着工件冲油，再按放电按钮进行加工。

(2) 放电加工正在进行时，不要同时触摸电动机与机床，防止触电。

(3) 加工时应调好加工放电规定参数，防止异常现象发生。

(4) 操作时必须保持精力集中，发现异常情况（积碳、液面低、液温高、着火）要立即停止加工并及时处理，以免损坏设备。

(5) 禁止用湿手、污手按开关或接触计算机操作键盘等电器设备。

（6）一切工具、成品不得放在机床工作面上。

（7）操作者离开机床时，必须使机床停止运转。

（8）操作完毕必须关闭电源，清理工具，保养机床和打扫工作场地。

思考与练习

1. 试述数控车削加工前的安全注意事项。
2. 试述数控车削加工中的安全注意事项。
3. 试述数控铣削加工前的安全注意事项。
4. 试述数控铣削加工中的安全注意事项。
5. 试述加工中心加工后的安全注意事项。
6. 试述数控线切割的安全操作规程。
7. 试述电火花的安全操作规程。

第四章 冲压安全生产知识

第一节 冲压加工易发生的伤害事故及其预防

一、冲压加工中易发生的伤害事故及其原因

冲压加工易发生的伤害事故

冲压设备分为压力机和液压机，它同一般机器设备相比，危险性较大，事故也较多。“滑块下行”和“手在模具内”是产生伤害事故的主要原因。

1. 操作者手指受到伤害

这类伤害事故几乎占全部伤害事故的 85% 以上，如图 4-1 所示，引起这类伤害事故主要有以下原因：

（1）上班时没有穿戴好劳动防护用品，不慎碰到开关引起误操作。

（2）操作时，将手伸进上模和下模之间的危险区域。

（3）直接用手在模具间送料或直接用手在模具间将冲压件取出。

（4）采用脚踏开关的情况下，手脚难以协调，做出失误动作。

（5）频繁简单的重复劳动，容易引起操作者精神和体力的疲劳，发生误操作。

（6）噪声过大，旁人打扰，与旁人交谈，使操作者精力不集中，导致敞开式脚踏开关被误踏。

（7）手在上下模具之间工作时，因设备故障而发生意外动作，如离合器失灵而发生连冲，调整模具时滑块自动下滑，传动系统防护罩意外脱落。

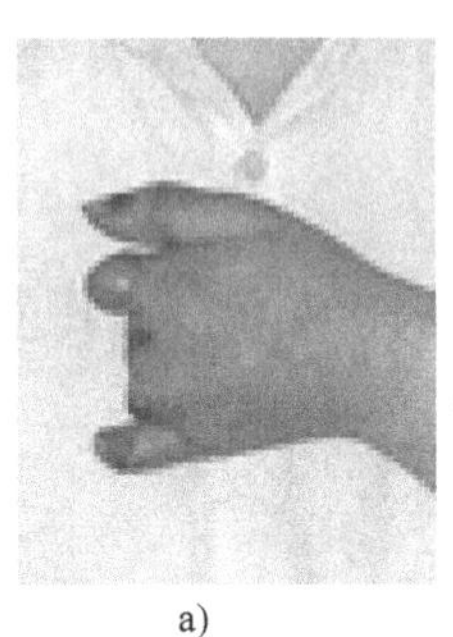
a)

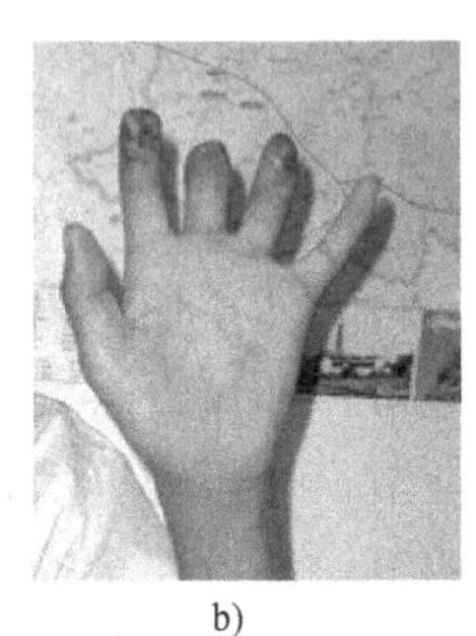
b)

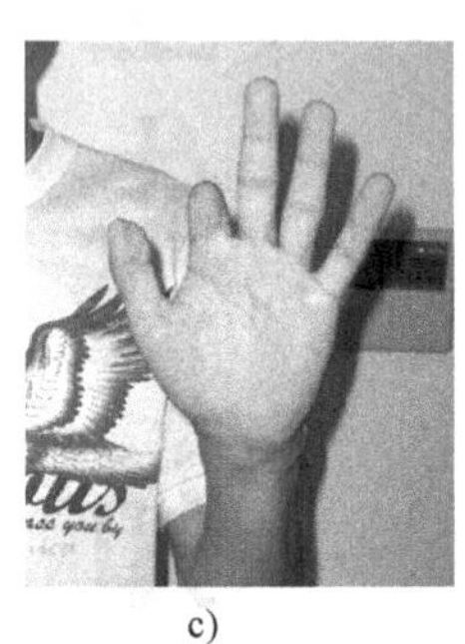
c)

图 4-1 因不遵守安全操作规章造成手指被冲压事故

【案例 4-1】裤脚钩到脚踏开关引发的伤害事故

［事故经过］

某企业职工郑某和余某在同一台压力机上工作，他们主要工作是篮网下料。开始时是余某在压力机上操作，郑某在边上拉网，后来企业主发现余某在操作时脚一直放在踏板上，就叫郑某和余某换一下岗位，郑某负责冲床操作下料。大约过了 20 分钟，郑某发现模区内的

网不平整，他没有在边上把网拉平而是把手伸进模区想把网铺平，身体前倾，裤脚钩到压力机脚踏板，造成冲模下冲。

经现场勘察，发生事故设备为滑销离合器的脚踏杠杆式压力机，该设备出厂时便无脚踏杠复位拉簧和踏板防护罩。

［事故原因］

1）郑某操作时将手伸入上模和下模区间。

2）压力机脚踏板无防护罩。

3）企业领导未建立本单位安全生产责任制，未与员工签订安全生产责任制。

［对策措施］

1）对生产工艺无须手入模区的操作，严禁手入模区。

2）提高设备本身安全度，从源头上控制冲压事故发生。

3）加强对职工安全教育，经常进行安全培训，提高安全操作技能。

2. 操作者手掌或手臂受到伤害

操作者手掌或手臂受到冲压伤害，如图 4-2 所示，引起这类伤害事故主要有以下原因：

（1）在大型液压机上工作时，手掌或手臂伸入上模和下模之间这个危险区域。

（2）多人在同一台机床上操作时，由于缺乏严密的统一指挥，操作动作互相不协调。

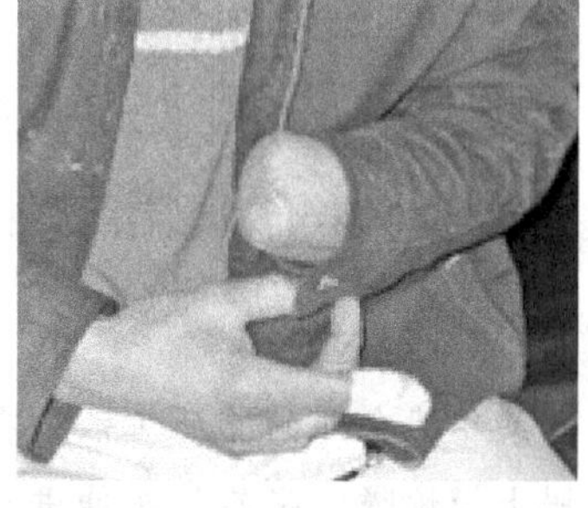

图 4-2　因不遵守安全操作规章造成手掌被冲压事故

【案例 4-2】配合失调引发的伤害事故

［事故经过］

某日，某企业冲压车间职工郭某和王某在液压机上压门面。在操作过程中郭某发现门面与模具还没有对齐，就用左手去纠正。另一名操作工王某没有注意到郭某的左手在模区，按下了启动按钮，造成了郭某左手前臂被液压机压断。

［事故原因］

1）液压机操作工王某违章操作，郭某左手还在模区时按下了启动按钮。

2）郭某违章操作，操作时手入模区，且没有通知一起工作的王某。

3）企业负责人未督促、检查本单位的安全生产工作，未及时消除生产安全事故隐患。

【案例 4-3】操作时注意力未集中引发的伤害事故

［事故经过］

某公司液压机操作工李某、任某在加班。李某是一位具有 14 年冲压经验的老工人，任某是刚被招入公司不足两个月的新员工。厂里安排李某负责送料出件等工序，任某负责按按钮。李某已经非常熟悉液压机的各种结构及工作时的声音，他可以凭声音判断出上、下模的具体运行位置，当他凭经验判断出该出件时，就把手伸入了模区取件，而任某认为上次压制没有压紧，又再按一次按钮，从而把李某的右手掌及手臂整个压断。

[事故原因]

1）李某和任某安全意识不够，两人操作配合不协调。

2）李某凭经验操作，注意力没有高度集中。

3）任某再按一次按钮时，没有通知李某。

3. 操作者头部受到伤害

引起这类伤害事故主要有以下原因：

(1) 在大型液压机上工作时，操作者的头进入上模和下模之间这个危险区域。

(2) 操作者误踩脚踏开关或重物落在踏板上。

(3) 停止开关发生故障。

(4) 液压设备缺少安全防护装置。

【案例 4-4】误踩脚踏开关引发的伤害事故

[事故经过]

某年某企业的冲压工张某在操作过程中，上模发生故障，张某对压力机进行检查。为了了解上模故障，张某将头伸进压力机上模和下模之间进行观察，由于自身失稳，在平衡身体时不由自主地将其右脚踩在冲床脚踏开关上，引起上模下冲，将其头部压在上下模之间。

[事故原因]

1）张某将头伸进上下模之间，这是一种极其危险的行为，是最严重的违章行为。

2）张某在检修机器设备时没有将机器电源关掉。

3）压力机有故障，设备不完好，安全设施不完善。

4）企业对工人安全教育不到位，安全监管不严。

[对策措施]

1）对压力机进行检修或检查时，首先要切断电源。在刀开关处挂上"有人工作，严禁合闸"警示牌，并派专人进行安全监护，方可检修或检查压力机或冲模。

2）严禁压力机带"病"运转，发现隐患或故障，要及时检修。

3）加装设备安全防护装置，从源头上控制冲床事故发生。

4）加强对冲床工安全教育，经常进行安全培训，提高安全操作技能。

4. 操作者身体其他部位受到伤害

引起这类伤害事故主要有以下原因：

(1) 压力机或液压机工作台上的重物掉下来脚被砸伤。

(2) 冲模或工具崩碎飞出伤人。

(3) 工件在冲压中被挤飞伤人。

(4) 安全装置失灵，如制动器不制动造成的伤害。

(5) 模具设计不合理，操作不方便而引发的伤害等。

【案例 4-5】工件掉下来引发的伤害事故

[事故经过]

某企业冲压车间，章某用液压机进行粉末冶金加工。为图方便，章某在液压设备的工作台上放置的工件比较多，结果工件掉下来，砸伤了脚趾。

二、防止冲压伤害事故发生的措施

冲压是机械加工中发生伤害事故最多的一个工种，这主要与冲压或液压机的构造有关，许多压力机和液压机缺乏必要的安全防护装置。其中闭式脚踏开关的冲床危险性较小，安全系数相对较高，如图 4-3 所示；开式脚踏开关的压力机危险性较大，安全系数较低，如图 4-4 所示。

a)

b)

图 4-3　闭式脚踏开关的压力机（安全系数较高）

图 4-4　开式脚踏开关的压力机（安全系数较低）

冲压作业伤害事故与冲压设备、模具、操作方式、环境和人的状态有关。为防止压力机和液压机（图 4-5）的伤害事故，必须抓好三项常规安全对策措施，亦称“三 E”安全对策，即技术、教育、管理三项安全对策。

1. 全面落实安全技术措施

冲压安全技术措施的具体内容很多，它包括对冲压设备本身，从设计与制造上就要满足“安全压力机”的技术标准。首先要保证冲压设备刹车机构灵敏可靠，其次考虑设备和模具的安全防护装置，最后要考虑在模具上设置机械进出料机构，实现机械化和自动化。

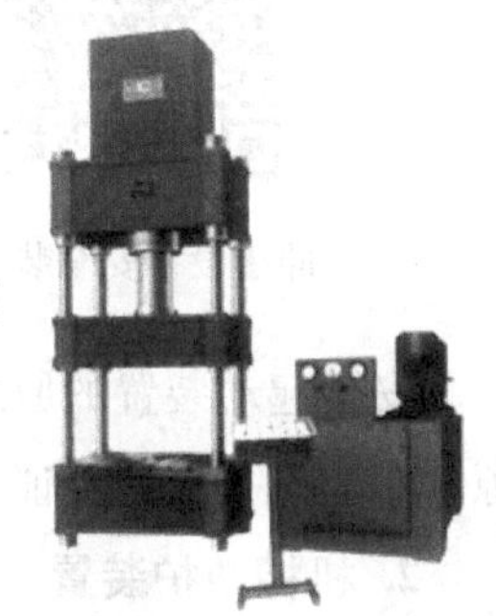

图 4-5　液压机

2. 对冲压人员进行安全教育培训

冲压作业是属于特种工种，操作工人需通过特殊工种培训教育考核后方能持证上岗。冲压工要熟练掌握冲压生产技术及冲压设备、模具、安全装置的安全操作技术。冲压工有了安全意识和安全技术素质，就能自觉遵守规章制度，消除不利因素，防患于未然，将事故消灭在萌芽状态。

3. 严格冲压安全管理

为了防止冲压机械伤害，科研人员研制许多安全防护装置和安全工具，使用中取得了一定效果，但在推广和运用方面成效不大。这主要是由于管理措施不力，有了装置和工具，但操作者不会正确使用或不愿使用，坏了也无人维修，使其不能真正发挥作用。

第二节　冲压设备安全装置

一、冲压设备安全装置的作用

冲压设备安全装置的作用是当冲压设备在正常工作的情况下，操作者不论是否遵守了安全操作规程，都没有发生人身事故的可能性，从而杜绝了人身事故的发生。安全保护装置是当操作者一旦进入危险工作状态时，能直接对操作者进行人身安全保护的机构。

二、冲压设备常用的安全装置

冲压设备目前常用的安全防护装置有安全起动装置、机械防护装置和自动保护装置。

1. 安全起动装置

安全起动装置功能特点是当操作者的肢体进入危险区时，冲压设备的离合器不能合上或者滑块不能下行，只有当操作者的肢体完全退出危险区后，冲压设备才能被起动。

安全起动装置包括双手柄结合装置和双手按钮结合装置，如图4-6所示。

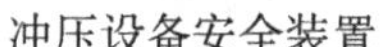

冲压设备安全装置

安全起动装置

图4-6　双手按钮结合装置

安全起动装置的原理是在操作时，操作者必须用双手同时启动开关，冲压机才能接通电源开始工作，从而保证了安全。

2. 机械防护装置

机械防护装置功能特点是在滑块下行时，设法将危险区与操作者的手隔开或用强制的方法将操作者的手拉出危险区，以保证安全生产。

机械防护装置包括防护板、推手式保护装置、拉手安全装置。

机械防护装置特点是装置结构简单、制造方便，但对作业干扰影响大。

3. 自动保护装置

自动保护装置功能特点是在冲模危险区周围设置光束、气流、电场等，一旦手进入危险区，通过光、电、气控制，使压力机自动停止工作。

目前常用的自动保护装置是光电式安全装置，如图4-7所示。

机械防护装置

自动保护装置

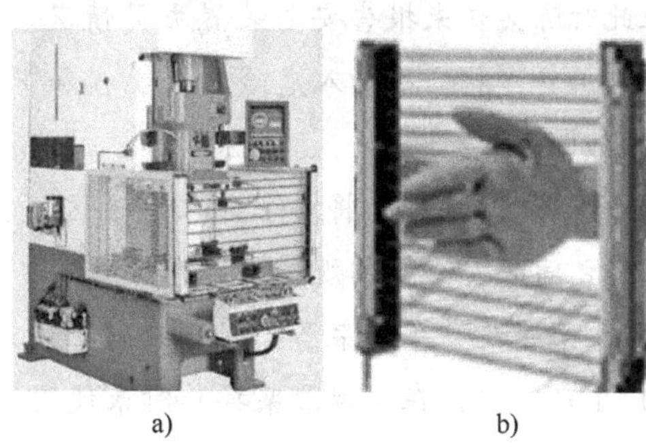

a)　b)

图4-7　光电式安全装置

自动保护装置原理是在危险区设置发光器和受光器，形成一束或多束光线。当操作者的手误入危险区时，光束受阻，使光信号通过光电管转换成电信号，电信号放大后与起动控制线路闭锁，使冲压机滑块立即停止工作，从而起到保护作用。

有了安全装置和工具，操作者必须正确使用，否则就不能真正发挥安全装置的作用。

【案例4-6】违章使用双手按钮引发的伤害事故

［事故经过］

某企业冲压工卢某在操作双手按钮压力机时，为提高计件速度，在夜班厂方无人巡查的情况下，卢某用牙签顶塞其中一个按钮，使之处于常合状态，进行单手操作，因双手协调出错，导致一手指被压力机切断。

［事故原因］

1）卢某违章操作，没有采用代手专用工具，而直接用手放置和取出被加工物件，是造成事故的直接原因。

2）卢某安全意识淡薄，把双手按钮中一个按钮用牙签顶塞。

3）压力机设计不合理，应改为同步按钮，即按钮必须在同时按下时冲床才可起动，否则冲床无法运行。

［对策措施］

1）企业应教育冲压工严守操作规程，不应冒险蛮干。

2）工人未经安全培训考核或设备安全设施缺乏，操作工可拒绝操作。

3）送取加工物件时应采用代手工具。

【案例 4-7】安全装置失灵引发的伤害事故

［事故经过］

某企业冲压车间冲压工于某与陈某在 100T 偏心压力机上进行茶船（工艺品）第一道拉伸工序，于某和陈某为了提高工作效率，在知道安全装置失灵的情况下未向有关部门报告，仍进行作业。10 时 15 分许，生产副主任检查发现陈某操作时未使用安全装置，当即进行批评，但此时陈某仍未报告安全装置失灵情况。11 时许，于某上压力机操作，未使用安全装置和安全工具，将右手伸入危险区（上模和下模之间）取放零件，造成了意外伤害事故。

［事故原因］

1）于某违章操作，将右手伸入危险区（上模和下模之间），违反工作时不准将手伸入上、下模之间的安全操作规程。

2）于某违反“安全装置有故障应停止使用”的安全操作规程。

3）生产副主任在发现陈某操作时未使用安全装置，未能及时纠正、消除安全隐患。

【案例 4-8】不正确使用光电保护装置引发的伤害事故

［事故经过］

某企业某车间冲床工哈某在 80T 冲床旁加工台扇零件时，其右手进入压力机模腔内，模具下降时将哈某的右手折断，造成重伤事故。

［事故原因］

1）哈某违反安全操作规程，将右手伸入模腔是导致事故的直接原因。

2）压力机的光电保护装置不在正确使用位置，光电保护装置不完好是发生事故的重要原因。

［对策措施］

1）冲压工和相关人员要严格执行设备安全管理制度、安全操作规则，杜绝违章作业。

2）80T 冲床要有完善安全防护装置，提高设备本身安全度。

安全知识链接

安全装置作业

下列材料是从某市劳动局收集的一些冲压事故中手指伤残情况，如图 4-8 所示。

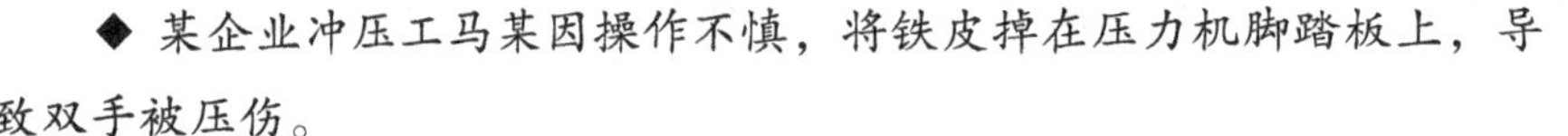

◆ 某企业冲压工马某因操作不慎，将铁皮掉在压力机脚踏板上，导致双手被压伤。

◆ 某公司锯床工徐某在锯角操作中，右手拇指不幸被气压模具压伤。

◆ 某公司吕某在上班时用手直接拿工件冲压，因压力机下滑导致左手食指被压伤。

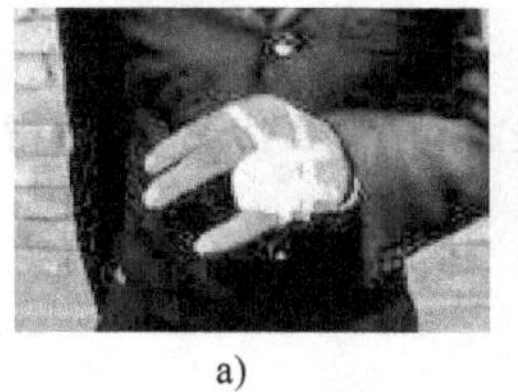
a)

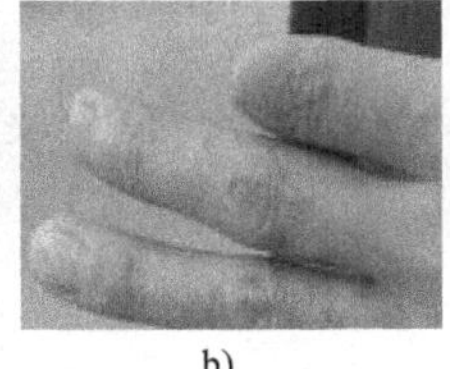
b)

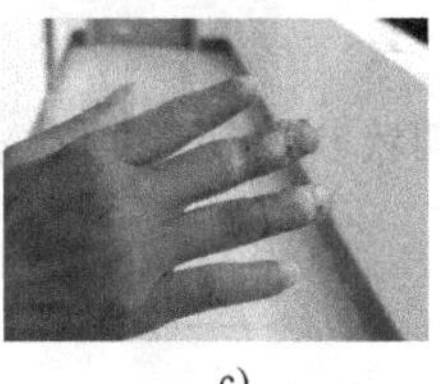
c)

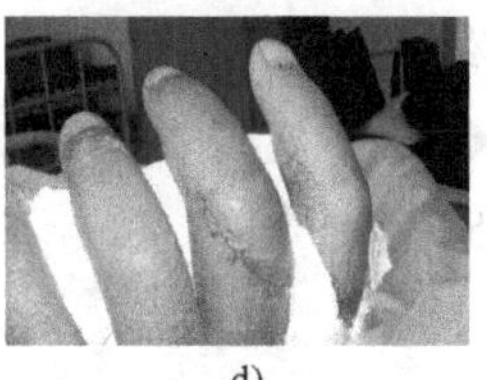
d)

图4-8　手指伤残情况

◆ 某公司职工李某在45T液压机第二道拉伸1.6L真空饭盒时，因内胆破裂上半节卡在模具里，点动开关后内胆下掉碰及下模具，反弹后碰及左手腕导致受伤。

◆ 某配件厂职工罗某在金工车间操作压力机时，由于压力机连冲，罗某的左手无名指被冲床压伤。

◆ 某工具厂职工李某在测量拉伸件的6.0L水壶高度时，不慎被壶口割伤右手大拇指根部。

◆ 某公司柯某在上、下模压合过程中，铁件位置稍偏，结果从模具中飞出，将他右手背虎口处削掉一块肉。

◆ 某公司职工徐某在操作压力机取放工件时没有用专用工具，而是直接用手进入模区操作，由于压力机连冲，被压力机连冲压伤右手中指。

◆ 某公司职工邱某工作过程中，由于冲压设备突然失灵，造成右手食指冲伤。

◆ 某公司职工邓某工作中，因用塑料篮扣住压力机踏板，压力机在不用脚踏情况下也运作，邓某右手中指指甲不慎被冲断。

◆ 某公司职工池某在卸压力机配件时，配件卡在压力机的模具上，本应用镊子取下配件，但他用手直接取配件，正当取配件时，脚不慎踩到压力机的踏板开关，致使其右手中指末节被压力机压伤。

◆ 某公司员工王某在将产品放入模具中时，不小心碰到开关，压力机往下冲，将左手指和右中指夹进去，造成伤害。

◆ 某公司金工车间员工安某在拉伸旅游壶放圆片的过程中，因圆片未放到位，此时拉伸机上模已下移，而他却还用右手去扶正圆片，致使压伤右手中指及无名指。

◆ 某公司职工杨某在进行托盘冲槽作业时，因错误地抓起工件放入模具，在冲压过程中被模具螺栓挤压，造成右手大拇指尖受夹伤。

◆ 某公司职工梁某在一台10t冲压设备进行电子秤底座成形作业时，因设备操作弹簧突然断裂，导致离合器失灵而发生连冲，梁某在作业中未能及时发现，且直接用手送工件，从而导致送工件的右手中指末节被冲伤。

◆ 某公司职工杜某在车间生产支承管时，由于脚踏板弹簧松动，造成压力机连续动作，压伤右手食指。

◆ 某公司职工王某在工作时，用手将产品放入模具中，手未离开模具，就将开关踩下，导致左手大拇指骨折。

◆ 某公司职工江某在调换模具时，因模具螺纹打滑，使模块掉下来砸伤右手手指，造成骨折。

第三节　冲压安全操作要求

一、冲压前的安全操作要求

(1) 穿戴好工作服、工作帽，扣好衣扣。

(2) 认真做好交接班工作。

(3) 坐姿操作者，要认真检查座椅，并调整好高度。

(4) 检查防护罩，应处于良好的状态。

(5) 检查设备照明，并进行调整，使模具得到良好的照明。

(6) 检查卷料和坯料堆放情况，码垛高度不应超过下模平面的高度。

【案例4-9】料卷倾倒引发的伤害事故

[事故经过]

某企业职工徐某在操作压力机分离两个材料卷（质量750kg）时，被意外倾倒的料卷压伤。

[事故原因]

1）用人单位生产工艺有缺陷，安全措施不落实是发生事故的主要原因。

2）徐某操作时忽视安全操作规程，没有注意冲压工作中存在的安全隐患。

[对策措施]

1）要保障冲压设备安全可靠，生产工艺先进，消除生产中存在的安全隐患。

2）认真操作冲压设备，不断提高操作技能和操作水平。

(7) 领取工艺卡，根据零件工艺的要求，制定出安全操作的具体措施。

(8) 检查冲压设备固定是否牢靠平稳，设备运行是否正常。

【案例4-10】压力机倒塌引发的伤害事故

[事故经过]

某企业职工刘某在加班时，整个压力机倒塌，压在他身上。

[事故原因]

1）压力机安装固定不牢。

2）压力机本身安全度极低是引发事故的直接和主要原因。

[对策措施]

1）压力机安装必须牢固平稳，应保证设备不会倾倒，确保设备操作者和周围行人安全。

2）企业应加强安全生产教育，在加工开始前应检查设备工作情况。

（9）检查安全装置。安全装置可靠，如果采用光线式安全装置，还应进行遮光时或破坏感应器时的各项功能检查等。

二、冲压中的安全操作要求

冲压作业包括送料、定料、操纵设备完成冲压、出件、清理废料、工作点的布置等操作动作。这些动作常常互相联系，如果操作不正确会危害人身安全。

（1）必须认真检查冲模连接螺栓、防护罩是否装好，刹车是否灵活可靠，脚踏开关弹簧是否松软，经过检查符合安全要求才能开动电动机，先空车试验，再试冲三四个工件，检验合格后方能生产。

（2）操作时必须思想集中，不与旁边人谈话，以免分散注意力而发生事故。

【案例 4-11】边操作边闲聊引发的伤害事故

［事故经过］

某日某公司冲压工小蔡在操作压力机时，与相邻冲压工小鲍聊天。当小蔡把坯料放入模区，启动脚踏开关的同时，发现坯料没有靠紧，有点倾斜。小蔡为了防止工件冲坏，被厂里罚款，马上把手伸入模区，准备把工件扶正。与此同时，模具上模下行，小蔡的右手来不及退出，引发了手指伤害事故。

［事故原因］

1）小蔡不遵守安全操作规程，在工作时与相邻冲压工聊天。

2）小蔡违章操作，把手伸入模区。

3）厂里负责人对从业人员安全教育不够。

（3）对任何产品，特别是放短料时，应使用专用工具夹送，不得将手伸入上模和下模之间。条料冲到端头，应调转再冲。

【案例 4-12】冲压时手伸进模具间引发的伤害事故

［事故经过］

某家庭小工厂的老板娘任某在冲冰模盖的小配件，冲压时她没有用专用代手工具，而是直接用手拿工件冲压。在冲压时，任某的邻居到她家玩，于是任某一边与邻居闲聊一边冲压小配件，结果在冲压过程中，任某左手食指的指甲不慎被冲床冲掉。

［事故原因］

1）冲压时，任某与邻居在闲聊，注意力被分散。

2）冲压时，任某直接用手拿工件放入模具当中。

3）任某安全意识淡薄，平时操作冲床时一直没有使用专用代手工具。

（4）如果坯料放歪斜，或者工件冲坏，粒屑咬在模子上，不能用手伸进去取，应用钳子或竹片拔除。

（5）给冲模加润滑油时，油刷柄要适当加长，防止手进入冲模。

（6）冲压单块坯料时，拿料的食指要紧贴下模边缘，拇指不能超过下模边缘线，防止冲头下冲时压伤手指。

（7）冲压有尖状的废角料或红热的冲件时，要戴好防护手套，防止刺伤或烫伤手指。

（8）凡模子旁边工作台上有铁屑时，应用毛刷刷掉，不准用手伸入模子内去揩刷。

（9）在工作中发现安全保险装置失灵，滑块意外地冲下等非正常情况时，都要立即停车进行应急处理。

三、冲压中非正常情况的应急处置

（1）发生下列情况时，应马上停止操作，未经调整或维修前不准作业。

1）安全装置失灵。

2）照明熄灭。

3）在单次行程操作时，发生连冲。

4）坯料卡死在冲模中。

5）设备在运转中出现异常敲击声。

6）发现废品等不正常情况。

【案例 4-13】压力机连冲引发的伤害事故

［事故经过］

某年某企业冲压工陈某和张某操作压力机，由陈某负责向压力机送件，张某在压力机右侧负责取出成品。工作 10min 后，压力机出现了一次连冲现象。两人停止送料，开机空冲压几次，没发现连冲现象后继续操作。大约 1h 后，张某见冲床的上模抬起后就用手去取成品时，压力机又出现连冲，张某右手回撤不及，手指被模具冲伤。

［事故原因］

1）压力机离合器弹簧材质不好，长期使用造成该弹簧扭曲及压缩变形，在运转时不能及时复位而锁定抬起的模具，造成连冲，从而引发了张某手指被冲伤事故。

2）张某违章操作，操作时没有使用专用代手工具，而是直接用手去取成品。

3）张某在操作过程中对压力机连冲没有引起重视。

4）企业领导对职工违章操作压力机，不使用专用代手工具而是直接用手拿工件的操作方法没有进行有效制止。

［对策措施］

1）压力机不得带“病”运转，发现压力机连冲时要停机，未经调整前不准作业。

2）冲压工必须严格遵守压力机的安全操作规程，冲压时使用专用代手工具，确保“手不入模”。

3）企业应加强对职工的安全教育，提高职工安全生产意识。

（2）在下列情况下，要停机并把脚踏板移到空挡：

1）操作者离开工作岗位。

2）操作过程中突然停电。

3）修理模具。

（3）发生手指伤害事故后，应马上将伤者送进医院，如果手指骨未轧碎，应将断指一并送医院，请医生及时、妥当地进行处理。

四、允许连续冲压的情况

在一般情况下只允许冲压设备单次行程操作。在以下特殊情况下，才允许连续行程操作：

（1）设备上有自动送料装置或采用机械手操作。

（2）采用条料冲压，且手不需要进入上下模具之间。

（3）设备具有可靠的安全装置，操作时使用专用代手工具，如图 4-9 所示。操作者的手或手指没有进入上下模具空间，且该设备在往复行程一次的过程中能够满足上下料的要求时。

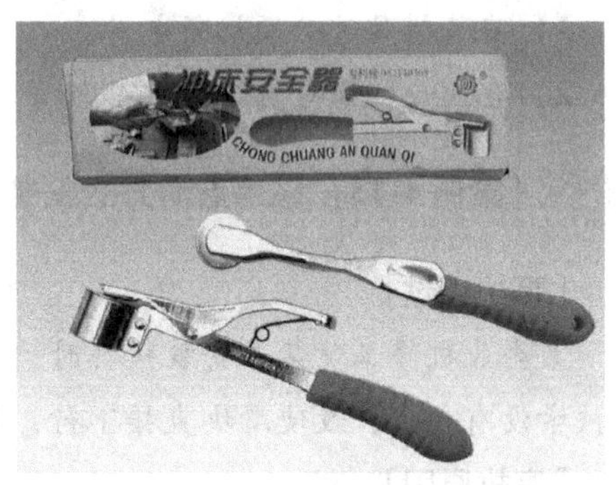

图 4-9　专用代手工具

五、安装模具时的安全注意事项

在冲压设备上安装模具是一件很重要的工作，模具安装调整不好，轻则造成冲压件报废，重则威胁人身和设备的安全。安装模具时的安全注意事项如下：

（1）了解模具的结构特点及使用条件。

（2）检查冲压设备的制动装置、离合器及操纵机构是否正常。

（3）检查冲压设备的打料装置，应将其暂时调整到最高位置，以在免调整冲压设备闭合高度时折弯。

（4）检查下模顶杆和上模打棒是否符合冲压设备打料装置的要求。

（5）冲压设备的闭合高度应略大于模具的闭合高度。

（6）将上、下模板及滑块底面的油污擦拭干净。

（7）安装时，应切断电源，先装上模再装下模。上、下模安装好后，用手扳动飞轮，检查上、下模对正位置是否正确，经检查安装无误后，可空车试冲几次，直至符合要求，最后重新装上全部安全装置。

【案例 4-14】开机安装模具引发的伤害事故

[事故经过]

某企业机修工张某对压铸机进行换装模具，定位模装好后，动模还没有安装好，张某就伸出左手去试顶泵与模具的距离，右手去按启动按钮调试。因没有控制好速度，在试模的过程中，张某的左手不慎被压。

[事故原因]

1）机修工张某违章操作，安装模具时没有切断电源。

2）企业负责人未督促、检查本单位的安全生产工作，未及时消除事故隐患。

[对策措施]

1）安装模具时必须切断电源。

2）企业应加强对员工的安全教育。

【案例 4-15】采用点动方式安装模具造成模具损坏的事故

[事故经过]

某企业机修工黄某在安装模具时，接通电源，采用点动的方式把滑块下放，这时按钮歪斜被卡没有复位，致使滑块直接下行，把模具撞坏，并将冲床连杆撞弯。

[事故原因]

1）黄某违章操作，采用点动的方式安装模具，没有采用人工盘车方式安装模具。

2）企业对职工安全生产教育不够，没有及时制止员工违章操作行为。

六、拆卸模具时的安全注意事项

拆卸模具时安全注意事项如下：

1）拆卸模具时，必须切断电源，并注意操作安全。

2）拆卸模具时，上、下模之间应垫上木块，使卸料弹簧处于不受力状态。

3）拆卸模具时，要防止模板掉下来，以避免损坏冲模刃口和发生人身伤害事故。

事故调查报告（四）：下模未固定试冲，调模工被击身亡

某日 12 时 28 分许，某电器有限公司钣金车间内发生一起机械伤害事故。调模工陈某在进行调模作业时模具崩裂击中喉部，经抢救无效死亡。死者陈某，男，29 岁，两年前入职某电器有限公司钣金车间操作工，半年前转任钣金车间调模工。

[事故发生经过及救援情况]

某日 12 时许，某电器有限公司钣金车间 C-74G 工位 B-03-029 号冲压设备（型号 JH21-45 型）操作工张某，发现操作过程中模具出现问题不能生产合格产品，随即申请模具调试人员进行维修检查，车间调模工陈某对该设备进行了调模操作。调模过程中，在未固定下模的情况下，进行单次模式试冲，上、下模具错位，引起上模具崩裂飞出碎片击中陈某喉部，经抢救无效死亡。

事故设备是一台由沃得精机有限公司生产的45T开式固定压力机，型号为JH21-45。该设备操作按钮为双手控制，并设有急停按钮。由浙江某电器有限公司提供的《JH21系列开式固定台压力机使用说明书》6.6.3运行模式中，在检查作业及安装、取出模具时使用寸动模式。且在公司提供的《模具安装调试作业规程》中明确模具安装时必须使用寸动模式。而事故发生时该设备采用的是单次模式。根据国家标准GB 13887—2008《冷冲压安全规程》及公司提供的《模具安装调试作业规程》要求，要确保上、下模块紧固可靠之后，方可进行试冲。而事故发生时该模具下模未进行固定。

[事故原因]

1. 直接原因

陈某安全意识淡薄，违反调模工的安全操作规程。在下模未确认紧固可靠的前提下就进行单次试冲，造成上、下模具错位闭合，引起上模崩裂，碎片飞出击中其喉部。

2. 间接原因

1）某电器有限公司未督促从业人员严格执行本单位的安全生产规章制度和安全操作规程。

2）某电器有限公司的主要负责人郑某，未履行法定的安全生产管理职责，未督促、检查本单位的安全生产工作，未及时消除生产安全事故隐患。

[事故责任认定及处理建议]

1）陈某安全意识淡薄，违反调模工的安全操作规程。在下模未确认紧固可靠的前提下就进行单次试冲，造成上、下模具错位闭合，引起上模崩裂，碎片飞出击中其喉部是发生本次事故的直接原因，应负直接责任。因其在本次事故中死亡，故不予追究。

2）某电器有限公司未督促从业人员严格执行本单位的安全生产规章制度和安全操作规程。其行为违反了《中华人民共和国安全生产法》有关规定，对本次事故的发生负有责任，建议相关部门依据相关法律法规对其实施行政处罚。

3）某电器有限公司的主要负责人郑某，未履行法定的安全生产管理职责，未督促、检查本单位的安全生产工作，未及时消除生产安全事故隐患。其行为违反了《中华人民共和国安全生产法》有关规定，对本次事故的发生负有责任，建议相关部门依据相关法律法规对其实施行政处罚。

安全知识链接

◆ 某公司员工卢某在找正模具时，左手无名指被模具夹伤。

◆ 某公司员工胡某在模具安装中，忽视垫铁与台面平滑会产生偏移，造成右手中指受伤。

◆ 某企业职工冯某在检修机器时，右手食指被模具压伤。

◆ 某公司职工李某在拆卸模具时，不慎被模具压伤右手食指。

◆ 某企业职工王某在移动模具时，左手中指、食指被模具压伤。

◆ 某企业职工杨某在安装模具时，右手食指与中指被模具压伤。

◆ 某企业职工孟某在安装模具试模时，由于牛筋料往外偏出，他只好再次把牛筋料放好，由于操作不当而导致左手小指受伤。

◆ 某公司员工姚某在安装模具时，不慎被机床边的铁皮划破左脚腕。

◆ 某公司机修工应某在修理机器时，头部被铁锤击伤。

◆ 某公司机修工沈某在模具车间修理模具时，左手腕不慎被磨光机砂轮片割伤。

◆ 某公司职工章某在搬取模具时，随叉车一起共同取件，人靠叉车较近，叉车转弯时，章某前脚被叉车碾伤。

◆ 某公司职工张某在注塑车间装模具时，右手不慎被模具撞伤骨折。

第四节　冲压安全操作规程

一、冲压工的安全操作规程

（1）冲压工必须掌握冲压设备的结构、性能，熟悉冲压安全操作规程，持证上岗。

（2）检查机床各传动和连接等部位及安全防护装置是否正常，安装模具螺钉必须牢固。

冲压安全操作规程

（3）正确使用冲压设备上安全保护装置，不得任意改动。

（4）模具安装要牢固，上、下模应对正，用手扳动飞轮试冲（空车）。

（5）冲压设备在工作前应先空转 2～3min，检查脚闸等控制装置，确认正常后方可使用，不得带“病”运转。

（6）冲压设备开动或运转冲制时，操作者工作位置要恰当，身体应与冲压设备保持一定的距离，要时刻注意模具的运动，操作时严禁与他人闲谈。

（7）冲制短小工件时，应用专用代手工具，不得用手直接送料或取件。冲制狭长零件时，应设置安全托料架或采取其他安全措施。

（8）每冲完一个工件，操作者的手或脚必须离开按钮或踏板，以防误操作，严禁压住按钮或踏板使电路常开。进行连冲操作时，必须符合允许连续冲压的情况。

【案例 4-16】脚一直放在脚踏开关上引起的伤害事故

［事故经过］

某日某公司冲压工吴某在冲压车间工作。吴某在操作时有个不好的习惯，他习惯把右脚一直放在脚踏开关上。在冲压的过程中，吴某发现工件被卡在模具型腔内，就用右手去拉被卡工件，当他右手用力去拉工件时，右脚也不自觉地施加了压力，从而起动了压力机，致使右手整个手掌被压力机冲断。

[事故原因]

1）吴某违章操作，冲压时一直把右脚放在脚踏开关上。

2）吴某发现工件被卡时没有停机处理，而是用右手去拉被卡工件，导致手掌被压力机冲断。

3）企业领导对职工安全教育不够，没有及时制止员工违规操作行为。

[对策措施]

1）冲压工上岗前必须经专门安全培训，考核通过后持证上岗。

2）使用安全装置齐全的机械设备，即使工人误操作，也不会发生伤指事故。

3）企业应加强对职工的安全教育。

（9）生产中坯料和工件要摆放整齐，不得超高，工作台面禁止摆坯料或其他物品。

（10）两人或两人以上共同操作时，应定人开车，统一指挥，注意协调配合，负责踏闸者，必须注意送料人的动作。

【案例4-17】多人操作配合失调引发的伤害事故

[事故经过]

某企业职工王某、刘某和李某在液压机上加工钣金件。王某在液压机一侧负责送料和开机，刘某在液压机另一侧负责取料和清理废料，李某则在液压机出料口侧旁捆扎压好的钣金件。9时30分许，刘某在操作过程中，发现液压机上有一些废料，在没有通知对面王某的情况下，就着手清理。王某送料后开机，发现对面刘某的手在拣废料，赶紧停机，但已造成了严重的伤害事故。

[事故原因]

1）液压机缺少安全防护装置。

2）刘某在未告知王某的情况下，违章操作，擅自手入模区清理废料。

3）王某操作时注意力不集中，未注意到刘某手入模区清理废料，

4）该液压机安全操作规程不够完善，多人操作情况下，组织分工不够明确，操作者之间缺乏有效的协调。

（11）工作时发现装置失灵、设备运转异常、产品发生质量缺陷等情况，应立即停机修理。

【案例4-18】修理机器时未停机引发的伤害事故

[事故经过]

某企业徐某和王某、余某3人在成形车间上班，徐某操作压痕机，王某在徐某右后侧装盒子，余某在王某左后侧递纸板。14时左右，徐某在操作压痕机时发现纸板脱落，调整过程中，头部被压痕机的压印板与板台面夹住，当场死亡。

[事故原因]

1）压痕机安全防护装置失效。

2）徐某安全意识淡薄，在未切断电源或关闭机器的前提下处理脱落纸板。

3）公司安全生产规章制度、安全操作规程不完善，生产车间缺少安全警示标志。

4）企业未对职工进行安全生产教育培训。

（12）在排除故障或维修时，必须切断电源、气源，待机床完全停止运动后方可进行。

（13）工作结束时要及时停车，切断电源，擦拭机床，清理环境。

二、剪切机安全操作规程

（1）操作者必须熟悉机床的结构、性能，剪切机应由专人负责使用和管理。

（2）严禁超负荷使用剪切机，不得剪切淬火钢、铸件及非金属材料等。

（3）切削刃应保持锋利，刃口钝或损坏，应及时磨修或调换。

（4）多人操作时应有专人指挥，配合要协调。

（5）禁止在同一台剪切机上同时剪切两件材料，不准重叠剪切。

（6）在设备运转时或未停电时，禁止将手伸入剪切机内取放工件。

【案例4-19】误动脚踏开关引发的伤害事故

[事故经过]

某企业职工李某和王某在Q11-6×2500型剪切机上剪切钢板，李某负责控制脚踏开关。李某在送钢板时，右手不慎伸进了剪切机的剪切面，并在此时误动了脚踏开关，剪切机将李某右手食指、中指、无名指剪伤。

[事故原因]

1）李某违章操作，在送钢板时将手伸进了剪切面。

2）剪切机设计上有一定缺陷，缺乏安全防护装置，且脚踏开关容易被误动。

3）企业对职工安全教育不够。

[对策措施]

1）遵守剪切机安全操作规程，在设备运转时或未停电时，禁止将手伸入剪切机内取放工件。

2）对剪切机设计上的缺陷进行整改，增加安全防护装置。

3）企业应加强对职工的安全教育。

（7）剪好的工件必须放置平稳，不要堆放过高，不准堆放在过道上。边角余料及废料要及时清理，保持场地整洁。

【案例4-20】注意力不集中引发的伤害事故

[事故经过]

某企业职工任某在进行门面剪切时，右腿不慎被堆放在地上的门料锐角割出约20cm长的伤口。

[事故原因]

1）生产场地相对较狭窄。

2）天气炎热使得操作者取料时注意力不集中所致。

三、切管机安全操作规程

（1）检查机器运转是否正常，有无防护罩，安装是否牢固。

（2）安装切管机锯片时，锯齿向下为正确方向，锯片逆时针旋转为正确方向，然后用固定螺母锁紧。

（3）根据锯片大小及管料粗细来调试切管机锯片的行程。

（4）根据管料的厚度调试切管机速度，保证水与乳化油正常流出，起到保护锯片作用。

（5）空机运转 1 ~ 2min，确认正常后，根据工件尺寸要求锁紧定位装置，夹紧工件后再进行切管。

（6）操作过程中，切管不要用力过猛，防止锯片打碎伤人。

（7）操作人员离开机床时要关闭电源，机床发生任何故障，应先切断电源，再采取有效措施。

（8）按规定时间加注润滑油。工作完毕后，清理机器，把卫生彻底打扫干净。

四、折弯机安全操作规程

（1）严格遵守机床工的安全操作规程，按规定穿戴好劳动防护用品。

（2）开机前须认真检查电动机、开关、线路和接地是否正常和牢固，检查设备各操纵部位、按钮是否处在正确位置。

（3）检查上、下模的重合度和坚固性，检查各定位装置是否符合要求。

（4）在上滑板和各定位轴均未在原点的状态时，返回原点。

（5）设备起动后空运转 1 ~ 2min，上滑板满行程运动 2 ~ 3 次，如发现有异常声音或有故障时应立即停车，将故障排除，一切正常后方可工作。

（6）工作时应统一指挥，使操作人员与送料压制人员密切配合，确保配合人员均在安全位置，方准发出折弯信号。

（7）板料折弯时必须压实，以防在折弯时板料翘起伤人。

（8）调整板料压模时必须切断电源，停止运转后方可进行。

（9）在改变可变下模的开口时，不允许有任何板料与下模接触。

（10）机床工作时，机床后部不允许站人。

（11）严禁单独在一端折弯板料。

（12）运转时发现工件或模具不正，应停车找正，运转中严禁用手找正，以防伤手。

(13) 禁止折超厚的铁板或淬过火的钢板、高级合金钢、方钢和超过板料折弯机性能的板料，以免损坏机床。

(14) 关机前，要在两侧油缸下方的下模上放置木块，将上滑板下降到木块上。

(15) 先退出控制系统程序，后切断电源。

事故调查报告（五）：穿风衣违规操作，员工遭挤压身亡

某日 14 时 40 分许，某工业区某衡器厂车间内发生一起机械伤害事故。员工王某在操作剪切机时被卷入剪切机传动轴，经市人民医院抢救无效死亡。死者王某，男，汉族，54 岁，为某衡器厂员工。

【事故发生经过及救援情况】

某日 14 时 40 分许，某衡器厂员工王某身着过膝风衣在操作电动脚踏式剪切机时，连衣带人一起绞挤进剪切机传动轴中，导致王某身体严重挤压变形，经市第一人民医院抢救无效死亡。事故发生时，现场为一台长 1.7m，宽为 0.8m 电动脚踏剪切机。该剪切机机身未见铭牌标示，剪切机传动轴上有明显擦痕且地面有血迹。

【事故原因】

1. 直接原因

员工王某安全意识淡薄，未正确穿戴劳动防护用品，缺乏应有的安全意识和自我防护意识，违章作业，违反剪切机操作技术规程，未与剪切机传动轴保持安全间距，违章进入转动轴危险区域，致使被卷入剪切机传动轴。

2. 间接原因

1) 某衡器厂未建立生产安全事故隐患排查治理制度，未及时发现并消除所使用的电动脚踏剪切机存在的安全隐患。

2) 某衡器厂的主要负责人杨某，未履行法定的安全生产管理职责，未建立、健全本单位的安全生产责任制，未组织制定本单位的安全生产规章制度和操作规程，未组织制订并实施本单位安全生产教育和培训计划，未督促、检查本单位的安全生产工作，及时消除生产安全事故隐患。

【事故责任认定及处理建议】

1) 员工王某安全意识淡薄，未正确穿戴劳动防护用品，违反剪切机操作技术规程，违章进入转动轴危险区域，致使被卷入剪切机传动轴是发生本次事故的直接原因。应负直接责任，因其在本次事故中死亡，故不予追究。

2) 某衡器厂未建立生产安全事故隐患排查治理制度，未及时发现并消除所使用的电动脚踏剪切机存在安全隐患。违反了《中华人民共和国安全生产法》有关规定，对本次事故的发生负有责任，建议相关部门依据相关法律法规对其实施行政处罚。

3) 某衡器厂的主要负责人杨某，未履行法定的安全生产管理职责，未建立、健全本单位的安全生产责任制，未组织制定本单位的安全生产规章制度和操作规程，未组织制定并实施本单位安全生产教育和培训计划，未督促、检查本单位的安全生产工作，及时消除生产安全事故隐患。违反了《中华人民共和国安全生产法》有关规定，对本次事故的发生负有责任，建议相关部门依据相关法律法规对其实施行政处罚。

安全知识链接

◆ 某公司非标门折弯工吴某在剪切机操作中为使大量板料不下滑到地面，造成板料报废，情急之下，用身体阻挡，以致左脚大腿不慎撞上工作台以致受伤。

◆ 某公司职工汪某在金工车间被折弯机绞伤，造成右中指断离，右食指外伤。

◆ 某公司职工颖某在操作门折弯时，右手大拇指被折弯机上模具弯刀割伤。

◆ 某公司职工吕某在常规门架折弯车间调试弯管机时，不慎被卷边机卷伤右手无名指。

◆ 某公司职工马某在折弯时，不小心被折弯机压伤右手大拇指。

◆ 某公司制管车间职工黄某在工作时，不慎被钢管毛刺划伤右手腕。

◆ 某公司制管车间职工廖某在车间工作时，被电风扇击伤右手中指。

◆ 某公司冲压车间弯管工卜某在操作弯管机时，由于脚底下垫的砖头，不慎打滑，致使脚踩到开关，右手中指、无名指被压伤。

◆ 某公司职工刘某在割136mm的不锈钢管时，因钢管比较长，放置的过程中失去平衡，导致钢管一头翘起，划伤刘某左手腕。

◆ 某公司职工胡某在冲压时，因旁边堆放的产品散落，导致左手被割伤。

第五节 注塑机安全生产知识

一、注塑机加工前的安全注意事项

注塑机安全生产知识

（1）上岗生产前穿戴好车间规定的安全防护服装。

（2）清理设备周围环境，不许存放任何与生产无关的物品。

（3）清理工作台及设备内外杂物，用干净棉纱擦拭注射座导轨及合模部分的拉杆。

（4）检查设备各控制开关按钮、电器线路、操作手柄、手轮有无损坏或失灵现象。

（5）检查设备各部安全保护装置是否完好，工作灵敏可靠性。检查试验“急停按钮”是否有效、可靠，安全门滑动是否灵活，开关时是否能够触动限位开关。

（6）设备上的安全防护装置（如机械联锁杆、止动板，各安全防护开关等）不准随便移动，更不许改装或故意使其失去作用。

（7）检查各部位螺栓是否拧紧，有无松动，发现零部件异常或有损坏现象，应向上级报告，由上级处理或通知维修人员处理。

（8）检查各冷却水管路，试行通水，查看水流是否通畅，是否堵塞或滴漏。

（9）检查料斗内是否有异物，料斗上方不许存放置任何物品，料斗盖应盖好，防止灰尘、杂物落入料斗内。

二、注塑机加工中的安全注意事项

（1）合上机床总电源开关，检查设备是否漏电，按设定的工艺温度要求给机筒、模具进行预热，在机筒温度达到工艺温度时，必须保温 20min 以上，确保机筒各部位温度均匀。

（2）打开冷却器冷却阀门，对油路管道进行冷却，以点动方式起动液压泵，未发现异常现象，方可正式起动液压泵，待显示屏上显示“马达开”后才能运转动作，检查安全门的作用是否正常。

（3）操作工必须使用安全门，如安全门行程开关失灵时不准开机，严禁不使用安全门（罩）操作。

（4）非当班操作者，未经允许任何人都不准按动各按钮、手柄，不许两人或两人以上同时操作同一台注塑机。

（5）安放模具、嵌件时要稳准可靠，合模过程中发现异常应立即停车，通知相关人员排除故障。

（6）修理机器或模具时，一定要先将注射座后退，使喷嘴离开模具，关掉机床电源开关。维修人员修机时，操作者不准脱岗。

【案例 4-21】修理模具时未关机引发的伤害事故

[事故经过]

某企业职工靳某在注塑机的后防护门用磨光机对模具进行打磨，磨光机在打磨时产生大量火花，这时站在机器正面的楼某就把前防护门给关上了。事发时，注塑机的后防护门限位开关一直被手套塞住，导致注塑机在前防护门关闭时模具就闭合，造成靳某的右手食指前两节被压断。

[事故原因]

1）靳某修理模具时，在未关机的情况下手入模区操作。

2）注塑机的后防护门限位开关被手套塞住而失去保护作用。

3）楼某在未确认安全条件下关闭前防护门，导致模具运动。

4）企业领导对员工安全教育和培训不够，员工安全意识淡薄。

5）企业领导未督促、检查本单位安全生产工作，未发现及消除注塑机存在的安全隐患。

（7）身体进入机床内时，必须切断电源。

（8）对空注射一般每次不超过 5s，连续两次注不动时，注意通知邻近人员避开危险区。清理射嘴胶头时，不准直接用手清理，应用铁钳或其他工具，以免发生烫伤。

（9）禁止在熔胶筒上踩踏、攀爬及搁置物品，以防烫伤、电击及火灾。

（10）在料斗不下料的情况下，不准使用金属棒或杆捅料斗。

（11）机床运行中发现设备响声异常、异味、火花、漏油等情况时，应立即停机，及时向有关人员报告，并说明故障现象及可能发生原因。

（12）注意安全操作，不允许以任何理由或借口，做出可能造成人身伤害或损坏设备的操作方式。

三、注塑机加工后的安全注意事项

（1）关闭料斗闸板，正常生产至机筒内无料或手动操作对空注射——预塑，反复数次，直至喷嘴无熔料射出。

（2）若生产具有腐蚀性材料（如 PVC），停机时必须将机筒、螺杆用其他原料清洗干净。

（3）使注射座与固定模板脱离，模具处于开模状态。

（4）关闭冷却水管路，把各开关旋至“断开”位置，关闭机床总电源。

（5）清理机床工作台及地面杂物、油渍和灰尘，保持工作场所干净、整洁。

思考与练习

1. 冲压加工中易发生哪些伤害事故？
2. 防止冲压伤害事故发生的措施有哪些？
3. 试述冲压设备安全装置的作用。
4. 冲压前的安全操作要求有哪些？
5. 冲压中的安全操作要求有哪些？
6. 安装模具时安全注意事项有哪些？
7. 试述冲压工的安全操作规程。
8. 试述剪切机的安全操作规程。
9. 试述切管机的安全操作规程。
10. 试述注塑机加工时的安全注意事项。

第五章 钳工安全生产知识

第一节　钳工工具使用的安全问题

一、钳工工作时易发生的伤害事故及其原因

1. 操作者手指受到刺伤、崩伤和割伤等

引起这类伤害事故主要有以下原因：

（1）将有锋利刃口的錾子、刮刀等随意乱放。

（2）用无柄锉刀锉削工件。

（3）用松动的铁锤或锤柄有裂纹的铁锤敲打工件。

（4）用切削刃已钝的手锯继续锯削。

（5）用小楔角的錾子錾削冷硬铸铁。

（6）在扳手手柄上加接过长的管头，用铁锤敲台虎钳的手柄等，如图 5-1 所示。

2. 操作者其他身体部分受到伤害

引起这类伤害事故主要有以下原因：

（1）錾削时工作台上没有防护网，致使飞屑崩伤对面的操作人员，如图 5-2 所示。

图 5-1　不能用铁锤敲台虎钳的手柄

图 5-2　不穿工作服、对着人錾削是两大错误

（2）工作时没有穿戴劳动防护用品，被掉落的较重物体砸伤。

（3）使用绝缘破裂的电动工具引起触电事故。

使用锉刀安全注意事项

二、使用锉刀和刮刀时的安全注意事项

锉刀和刮刀使用时要安全注意事项如下：

（1）刀柄必须安装牢固，避免在使用过程中柄部脱落或碎裂。

（2）工件的安放高度要合适，工件必须夹持牢固。

（3）锉削或刮削时产生的切屑应使用软质毛刷清除，不能用嘴吹，也不能直接用手抹擦，以防切屑伤害眼睛、手指。

（4）锉刀、刮刀用后应放置在合适的位置。如将锉刀放在钳工桌上时，刀柄不能露出台面，锉刀不能放在台虎钳上面，以防掉落伤脚，如图 5-3 所示。

图 5-3　锉刀不能放在台虎钳上面

三、使用手锯时的安全注意事项

手锯使用时的安全注意事项如下：

（1）锯条要装正，松紧适当，过松或过紧都容易使锯条折断伤人。

（2）握锯时，左手小指不要放在锯弓前下端，否则容易伤到小指，如图 5-4 所示。

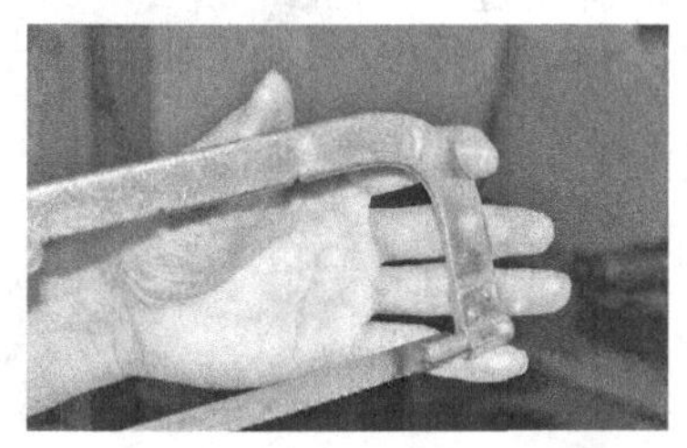

图 5-4　握锯时小指不要放在锯前端下部

使用手锯安全注意事项

（3）锯割时，锯条要靠近钳口，不得扭摆，用力不可过大，否则容易折断锯条。

（4）工件装夹要牢固，即将锯断时应减小压力并单手锯割，另一只手扶住被锯下的工件，防止掉下砸脚。

四、使用錾子时的安全注意事项

錾子使用时的安全注意事项如下：

（1）錾子应用手的中指、无名指和小指握住，大拇指和食指自然合拢，錾子头部伸出约 20mm。錾子不要握得太紧，以免锤击时手受到较大振动。

（2）錾削时，应从工件侧面的尖角处轻轻起錾，錾开缺口，然后再全刃工作，否则錾子容易弹开或刃滑。

（3）錾削快到尽头时，大约距离尽头 10mm 处，必须掉头錾去余下的部分，尤其对于脆性材料，如铸铁、青铜之类更应如此，否则尽头处会崩裂。

（4）为防止锤子从錾子端头滑出打在手上，可在錾柄握手处上方套上一个泡沫橡胶垫，这是有效的保护手的装置。

（5）为防止飞屑伤人，操作者应戴护目镜，工作台上应放置钢网护板。

五、使用公用砂轮机时的安全注意事项

使用砂轮机安全注意事项

使用公用砂轮机的安全注意事项如下：

（1）公用砂轮机要有专人负责，经常检查，以保证正常运转。

（2）砂轮机没有托刀架，安装不符合安全要求，或对砂轮机性能不熟悉的人，不准开动。

（3）操作者必须戴上护目镜，开动除尘装置，才能进行工作。

（4）砂轮机在开动前，要认真查看砂轮与防护罩之间有无杂物，检查砂轮机的防护罩和透明防护板以及吸尘器是否完好。

（5）砂轮机磨损严重，砂轮轴有晃动或砂轮震动过大，不准使用。

（6）安装砂轮时，必须认真检查砂轮质量，发现砂轮有裂纹或有破损，不准使用。安装砂轮拧紧螺钉时应成对拧紧，要均匀用力，不要拧得过松或过紧。砂轮装完以后，要安好防护罩，须经过 5 ~ 10min 的试运转。

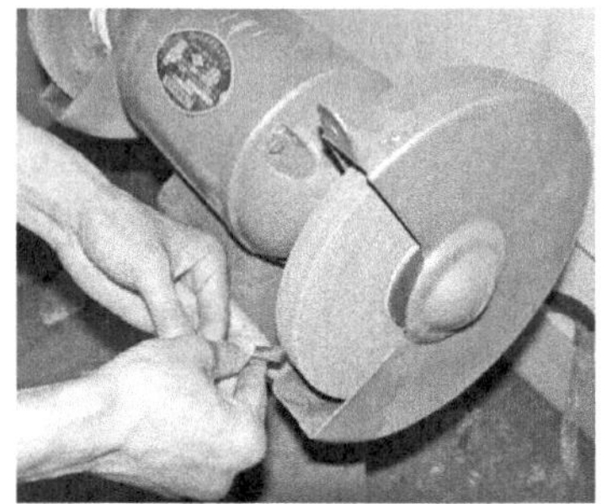

图 5-5　磨削时应侧位操作

（7）托刀架与砂轮工作面的距离，不能大于 3mm，磨削前应进行调整，满足其要求，并且装置牢固。

（8）砂轮机开动后，须空转 5min，待砂轮机运转正常后，方能使用。

（9）磨削时，操作者应站在砂轮的侧面，大约成 45° 角。不要站在砂轮的正面，如图 5-5 所示，以防砂轮崩裂，发生事故。

【案例 5-1】安装砂轮未试运转引发的伤害事故

［事故经过］

某日上午某企业职工尚某把旧砂轮拆下来后将新砂轮换上，开机后不到 2min，尚某就正对着砂轮进行磨刀，突然“嘭”的一声，砂轮崩裂成三块飞出，其中一块砸中尚某的头部。

［事故原因］

1）尚某违反公用砂轮机的安全操作规程，装好新砂轮后没有进行 5 ~ 10min 的试运转。

2）尚某磨刀时站在砂轮的正面，没有站在砂轮的侧面。

（10）磨削时，不能用力过猛，不准撞击砂轮。禁止两人同时在同一块砂轮上使用。

（11）砂轮不准沾水，要经常保持干燥，以防湿水后失去平衡，发生事故。

（12）砂轮磨小到接近法兰盘边沿旋转面 10mm 时，应予以更换；发现砂轮面有沟槽、径向跳动过大时，应予以修磨。

六、使用角向磨光机时的安全注意事项

使用角向磨光机的安全注意事项如下：

（1）操作者需戴护目镜及绝缘手套，干磨时需戴口罩。

（2）使用前应检查砂轮有无破损和裂纹，检查电气部分是否完好，再接通电源进行空运转试验，如运转正常且无漏电现象，方可使用。

（3）磨削时两手要拿稳并缓慢接触工件，避免撞击。要用砂轮大平面磨削，防止砂轮破碎伤人。

（4）砂轮未停止转动前不得用手触摸其转动部分或用手强制停转，转动的砂轮不准随意放置。

（5）使用中如发现角向磨光机有异常的声响，应立即断电检查，不得继续使用。

（6）使用完毕后，要关闭角向磨光机电源开关，切断电源，将角向磨光机放回指定地点，并由专人保管。

七、使用手电钻时的安全注意事项

使用手电钻的安全注意事项如下：

（1）使用前必须检查电气部分是否完好，再接通电源进行空运转试验，如运转正常且无漏电现象，方可装夹钻头。钻头要夹正、夹紧，防止打滑。

（2）钻孔时，应先启动手电钻，再缓慢接触工件，钻孔时钻头要扶正，防止倾斜，不得用力过猛，不要把身体直压在电钻上，防止钻头折断或扭伤手臂。

（3）作业过程中如发现钻头打滑，手电钻有异响、异味、冒烟等异常情况时应立即停钻，检查并排除故障后方可使用。

（4）移动电钻时必须切断电源。

（5）使用完后应切断电源，将手电钻放回指定地点，并由专人保管。

事故调查报告（六）：违章操作自食其果，割断动静脉饮恨身亡

某日下午，某公司装配车间发生机械伤害事故。死者勾某，男，汉族，年龄46岁，某公司装配车间工人。

【事故发生经过及事故救援情况】

某日下午，装配车间工人勾某和牛某在各自岗位上用角向磨光机打磨阀门毛坯上的毛刺。15时25分许，牛某突然听到勾某朝他喊：“老牛，快帮我叫主任，砂轮伤到我的腿了。”牛某听到后抬头一看，发现勾某的左大腿上流了很多血，就马上跑到其他车间叫勾某的老婆、大姐和车间主任等将勾某抬到厂里一辆皮卡车上送到市一医急救中心抢救。16时13分勾某经抢救无效死亡。

【事故原因】

1. 直接原因

勾某违章操作，在使用角向磨光机打磨阀门毛坯时操作不当，被砂轮片割断左大腿股动静脉。

2. 间接原因

1）公司负责人未经有关部门培训考试合格，未具备与所从事的生产经营活动相应的安全生产知识和能力，未建立、健全安全生产责任制，未组织制定本单位安全生产规章制度和操作规程。

2）公司未按规定设置安全生产管理机构和配备专职安全员，未按规定对从业人员进行安全生产教育培训。

【事故责任认定及处理意见】

1）装配车间工人勾某安全意识淡薄，违章操作，在使用角向磨光机打磨阀门毛坯时操作不当，未将阀门毛坯固定好，造成阀门毛坯脱落，被砂轮片割断左大腿股动静脉，是导致本次事故的直接原因，应负直接责任。因其在本次事故中死亡，故不予追究。

2）该公司未认真落实安全生产主体责任，未按规定教育和督促从业人员严格执行本工种的安全生产规章制度和安全操作规程，未按规定设置安全生产管理机构和配备专职安全员，未按规定对从业人员进行安全生产教育培训，导致本次事故发生。企业违反了《中华人民共和国安全生产法》有关规定，对事故的发生负有责任，建议安监部门依据《中华人民共和国安全生产法》有关规定，对该公司实施行政处罚。

3）该公司主要负责人未认真履行安全生产管理职责，未督促、检查本单位的安全生产工作，未建立、健全安全生产责任制，未组织制定本单位安全生产规章制度和操作规程，未及时消除生产安全事故隐患，违反了《中华人民共和国安全生产法》有关规定，对事故的发生负有责任。建议相关部门依据《中华人民共和国安全生产法》有关规定，对公司主要负责人实施行政处罚。

第二节　钳工的安全操作规程

一、一般钳工的安全操作规程

（1）使用工具必须完好，安全可靠。禁止使用有裂纹，带毛刺，手柄松动等不符合安全要求的工具。

（2）开动机械设备前，应检查安全防护装置、紧固螺钉以及各种动力开关是否完好，并进行空运转试验，一切正常方可投入使用。

（3）设备上的电气线路、电气插头及插座破损，电动工具发生故障，应请电工及时修理。不允许直接用线头插入插座内。

（4）注意周围人员及自身的安全，防止因工具脱落，工件及铁屑飞溅造成伤害。

（5）使用照明灯应采用安全电压。

（6）用台钻工作，严禁戴手套。工件应夹紧，不准用手拿工件进行钻、铰、扩孔。

（7）清除铁屑，必须使用专用工具，禁止手拉、嘴吹。

（8）工作完毕或因故离开工作岗位，必须将设备的电源、气源等开关切断。工作完毕，必须清理工作场地，将工具和零件整齐地摆放在指定的位置。

（9）起吊和搬运重物，应遵守起重工、挂钩工、搬运工安全规程，与行车工密切配合。

（10）使用角向磨光机和手电钻，必须经过安全检查，防止触电事故发生。

【案例 5-2】电动工具漏电引发的伤害事故

［事故经过］

某日，某铸造厂抛丸机坏了，业主杨某打电话给景某，让景某带配件去修理。陈某受景某指派，8 时到达铸造厂修理抛丸机。8 时 40 分，杨某的妻子发现陈某歪倒在抛丸机内。经厂检和现场反复核查，确认是陈某所带的电动工具漏电引发的伤害事故。

［事故原因］

1）陈某作为专业维修人员，没有遵守一般钳工的安全操作规程，对自己所使用的电动工具未进行检查和采取安全防护措施。

2）景某没有对雇员进行安全教育培训，也没有提供劳动防护用品。

［对策措施］

1）不允许违章操作电动工具设备。

2）加强职工的安全用电和安全操作意识，加强安全技能培训。

（11）登高作业应遵守高处作业的有关规定，工作前应检查梯子、脚手架是否坚固可靠及有无防滑措施。安全带应扎好，并系在牢固的结构件上，工具必须放在工具袋里，严禁随意抛扔。

二、机修钳工的安全操作规程

（1）修理机器设备时，先检查电、液、气动力开关是否断开。在开关处挂“正在修理，禁止合闸”的警示牌，必要时应将开关箱上锁或设专人监护。

（2）严格按照钳工常用工具和设备安全操作规程进行操作。

（3）装拆机器的零部件时，应先拆卸下部螺钉，装配时应先拧紧上部螺钉；装拆重心不平衡的机器部件时，应先拆卸离重心远的螺钉，装配时先装离重心近的螺钉；装拆弹簧时，应注意防止弹簧崩出伤人。

（4）拆卸下来的零件，按规定有序存放，不要乱丢乱放，有回转机构的应卡死，不要让其转动。

（5）用人力移动机器部件时，人员要妥善配备，多人搬抬应有一人统一指挥，抬轴杆、螺杆、管子和大梁时，必须同肩；搬运机床或吊运大型、重型机件，应严格遵守起重工、搬运工的安全操作规程。

（6）铲刮设备或机床导轨面时，工件底部要垫平稳，以确保安全。

（7）刮研操作时，被刮工件必须稳固，不得窜动。两人以上做同一工件时，必须注意刮刀方向，不得对着人体部位挑刮。机动研合时，需有专人看守电气开关。

（8）工作地点要保持清洁，油液污水不得流在地上，以防滑倒伤人。

（9）清洗零件时，严禁吸烟、打火或进行其他明火作业。严禁用汽油清洗零件，擦洗设备和地面。废油要倒在指定容器内，禁止倒入下水道。

（10）检修有毒、易燃、易爆物品的容器，事先必须经过卸压、清洗、置换或中和。

（11）遵守一般钳工安全操作规程。

三、装配钳工的安全操作规程

（1）严格按照钳工常用工具和设备安全操作规程进行操作。

（2）将要装配的零件，有秩序地放在零件存放架或装配工位上，如果采用生产流水线装配产品时，应先了解生产流水线运转是否正常。装配时按照装配工艺文件要求安装零部件并进行检查。

（3）在生产流水线运行时，不得横跨装配流水线行走或传递物件。

（4）使用手电钻等装配电动工具时，应遵守有关安全操作规程。不用时，应切断电动工具的电源等，并放到固定位置，不准随地乱放。

（5）采用压床压配零件，零件要放在模具的中心位置，底座要牢靠，压装小零件要用工具夹持，不准用手拿。

（6）采用加热炉、加热器或感应电炉加热零件时，应遵守有关安全操作规程和采用专用夹具来夹持零件。

（7）工作台板上不准有油污，工作场地附近不准有易燃易爆物品。

（8）大型产品装配，多人操作时要有一人指挥，同时要与行车工、挂钩工密切配合。停止装配时，不许有大型零部件吊、悬于空中或放置在有可能滚滑的位置上，休息时应将未安装就位的大型零件用垫块支稳。

（9）进行零件动平衡工作，要遵守平衡机安全操作规程。无关人员不得接近运行中的平衡机。

（10）产品试车前应将各防护、保护装置安装牢固，并检查机器内是否有遗留物，严禁将安全保护装置有问题的产品交付试车。

（11）遵守一般钳工安全操作规程。

安全知识链接

◆ 某公司职工张某在钻削时，被台钻上掉落的台虎钳砸伤手。

◆ 某公司职工邱某用铁锤进行“KCJ”件锤击整形，因铁锤锤击力较大，造成击碎物飞溅，击中吴某右手臂。

◆ 某公司职工章某在金工车间磨刀结束，关闭砂轮机的电源时，右手中指、无名指被旁边的电风扇打到。

◆ 某公司职工王某在电风扇旋转时去移动电风扇，就在移动一瞬间，电风扇的头垂了下来，将王某的左手小指夹入电风扇的保护网中。

◆ 某公司职工向某在装配车间试制两用锯开关，项目试制结束，向某拔去电源插头，锯片由于惯性依然在转，向某左手中指、食指不慎碰上锯片。

思考与练习

1. 钳工工作时易发生哪些伤害事故？
2. 锉刀和刮刀使用时的安全注意事项有哪些？
3. 手锯使用时的安全注意事项有哪些？
4. 公用砂轮机使用时的安全注意事项有哪些？
5. 试述一般钳工的安全操作规程。
6. 试述机修钳工的安全操作规程。
7. 试述装配钳工的安全操作规程。

第六章 焊接安全生产知识

第一节　焊接中易发生的伤害事故及防火防爆措施

一、焊接中易发生的伤害事故及其原因

1. 焊接过程中发生火灾和爆炸事故

引起这类伤害事故主要有以下几点原因：

（1）储放易燃易爆物品的容器未经清洗就进行焊接。

【案例6-1】用电焊机焊接油泵时引发的伤害事故

［事故经过］

某日下午，某车主何某到某维修厂取修好的小型油罐卡车，检查时发现车后尾灯不亮，便要求汽车修理工再检修一下线路。汽车修理工王某修好线路后，把卡车油泵重新装上去，王某拿起电焊机焊了两下没有焊好，就请另一名汽车修理工张某帮忙，张某还是用电焊的方法固定油泵，刚用电焊机点焊了两下，就听到“轰”的一声巨响，整个小卡车被炸成了一堆废铁，小小的维修厂顿时成了一片火海。

［事故原因］

1）未经过专业培训的两名工人在电焊作业时没有检查、清洗油泵，电焊飞溅出来的火花点燃了油泵里残留的油料，引爆了还存有部分油料的卡车油罐。

2）王某和张某安全意识淡薄，对于电焊工特种作业没有持证上岗。

3）企业应开展消防安全知识和技能培训，提高职工消防安全技术素质。

（2）焊接管子、容器时，没有把孔盖、阀门打开。

（3）焊接处附近有可燃、易燃物。

【案例6-2】电焊熔渣落于海绵床垫引发的火灾事故

［事故经过］

某年某市一商场为扩大营业面积，在主楼东侧原为一层的家具部上面加层扩建。施工过程中，董某在进行电弧焊接时熔渣落在家具部一人多高的海绵床垫上，将床垫引燃。起火后，由于在场的人员均不会使用灭火器，也没有及时报警，且家具部所用的装饰材料均为易燃物，因而大火很快就窜上了房顶。

［事故原因］

1）职工安全意识不强且缺乏必要的安全知识，董某是未经培训、考核的无证操作人员。

2）焊接前对施工现场存有的可燃物海绵床垫，没有采取任何隔离监护防护措施；起火后现场人员又缺乏必要的灭火安全技术知识，因此海绵床垫着火后任其燃烧，灾情不断扩大。

3）有关领导部门对安全不重视，在这次大火发生的前一天，就曾发生因电焊熔渣穿过

房顶凿开的孔洞引燃物品的事故，却没有引起重视。

［对策措施］

1）焊工必须经过培训、考核合格，持证上岗，严禁焊工无证操作。

2）用火必须办理用火手续，采取防火、清除、隔离措施，安排监护人，经批准后方可用火。

2. 操作者发生触电事故

引起这类伤害事故主要有以下几点原因：

（1）电焊机电源线绝缘损坏、老化。

【案例6-3】电焊机电源线绝缘损坏引发的伤害事故

［事故经过］

某企业电焊工张某，因焊接工作地点距离插座较远，便将长电源线拖在地面，并通过铁门。当他关门时，铁门挤破电源线的绝缘而带电将其电倒。

［事故原因］

1）电焊机电缆的橡胶绝缘被铁门挤破时，造成漏电。

2）张某安全意识较差，使用较长的电源线时拖在地面。

［对策措施］

1）电焊机的电源电压较高（220V/380V），电焊机电源线不得超过3m，确需较长时，必须离地面高2.5m沿墙或立柱瓷瓶布设。

2）生产中应避免电焊机的电源线受到机械性损伤，防止电缆绝缘损坏而漏电。

3）企业应加强职工的安全教育，提高职工的安全生产意识。

（2）电焊机未可靠接地或保护接零。

【案例6-4】电焊机外壳带电引发的伤害事故

［事故经过］

某年某机械厂用数台焊机对产品机座进行焊接，当电焊工王某用右手合闸，左手扶住电焊机的一瞬间，引发触电伤害事故。

［事故原因］

1）一小块铁片落于电焊机电源接线柱上并与外壳接触，引起电焊机外壳带电。

2）电焊机的接地螺钉基本断光，失去接地保护的作用。

3）电焊工王某未穿绝缘鞋，而是穿后掌钉了铁的普通皮鞋。

［对策措施］

1）电焊机必须可靠接地。

2）焊接前必须进行安全检查，接线柱必须有完好的盖子。

3）电焊工在焊接前必须穿好劳动防护用品，特别是必须穿绝缘鞋。

（3）接线错误，主要是没按设备要求接线。

(4) 空载电压电击。电焊机空载电压并不安全，没有必要防护装置，或环境潮湿、防护装置潮湿时易发生触电事故。

【案例 6-5】恶劣焊接环境引发的伤害事故

[事故经过]

某造船厂有一位年轻的女电焊工章某，正在船舱进行电焊，因船舱内温度高而且通风不好，身上大量出汗，帆布工作服和皮手套已湿透。在更换焊条时触及焊钳口触电，因痉挛后仰跌倒，焊钳落在颈部未能摆脱，造成电击事故。

[事故原因]

1）电焊机空载电压一般在 50 ~ 90V，而安全电压最高等级为 42V，空载电压高于安全电压，且张某在船舱进行电焊，因船舱内温度高而且通风不好，身上大量出汗，人体电阻低，从而引发的触电事故。

2）章某在船舱进行电焊，外面没有人进行监护。

3. 焊接过程中操作者从高空坠落或焊接件砸伤人

引起这类伤害事故主要有以下几点原因：

(1) 高空作业时安全带没有系好。

(2) 高空作业时安全带低挂高用。

(3) 焊接质量欠佳，焊接件从空中掉落。

【案例 6-6】高空作业时使用金属梯子引发的伤害事故

[事故经过]

某企业停产检修，电工张某和电焊工黄某两人配合在高处焊一根钢管。电工张某站在铝制的金属梯子上，双手握着钢管一端，电焊工黄某拖过焊钳导线在钢管另一端施焊。焊接完毕，电工张某从梯子上下来，他一手扶着刚焊好的钢管，另一手去扶着金属梯子，张某突然触电摔倒，从 2m 高的梯子上坠落下来。

[事故原因]

1）焊钳导线外皮破损漏电，使金属梯带电，钢管一端焊完后和地连通，电焊机的空载电压（70V）加在电工张某的两手之间。

2）张某和黄某登高进行高空作业时，使用铝制的金属梯子。

3）张某和黄某登高进行高空作业时，没有使用安全带。

[对策措施]

1）电焊机的二次空载电压为 60 ~ 70V，不是安全电压，操作时不能麻痹大意。

2）工作前应检查电焊机的焊钳导线绝缘是否完好，如有破损应及时用绝缘胶布包扎好。

3）登高进行电工作业时，不能使用金属材料制成的梯凳，而应该使用竹、木、玻璃钢等绝缘材料制成的登高用具。

4）在高处作业时，要有防跌措施，如佩戴安全带，挂接地线，有人监护等，以防止触电者从高处坠落，造成二次事故。

【案例 6-7】焊接质量欠佳引发的伤害事故

［事故经过］

某年某机械厂焊接一大型构件，需将构件翻转后再施焊，当起吊构件翻转至一半时，吊攀脱落，构件坠落被摔坏。一位起重工在躲避时，跌倒导致脚部受伤。

［事故原因］

1）近 12t 重的焊接件，焊脚仅为 4mm，且焊接处有些地方未焊透，导致焊接件坠落。

2）起重工在挂钢丝绳时没有检查吊攀是否牢靠。

［对策措施］

1）选用吊攀必须能承受被吊物的重量，焊脚必须焊满焊牢，不留任何焊接缺陷。

2）起重工应在起吊前对焊接质量进行认真检查。

4. 焊接时造成电光性眼病

引起这类伤害事故主要原因是焊接时发出刺眼的电弧光。

5. 焊接时身体被烫伤

引起这类伤害事故主要原因是焊接时熔渣四处飞溅。

二、焊接作业时的个人防护措施

电焊工作业防护

焊接作业的个人防护措施主要是对头、面、眼、耳、呼吸道、手、身躯等部位的人身防护，包括防尘、防毒、防噪声、防高温辐射、防放射性、防机械外伤和脏污等。焊接作业时的个人防护措施如下：

（1）为防止电焊工皮肤受电弧的伤害，电焊工宜穿厚工作服，同时，工作服袖口应扎紧，扣好领口，皮肤不外露。

（2）为保护电焊工眼睛不受电弧紫外线辐射等的伤害，焊接时必须使用镶有特别防护镜片的面罩，并按照焊接电流的强度不同来选用不同型号的滤光镜片。

（3）为防止电焊工受到电击等伤害，电焊工宜穿绝缘鞋，戴绝缘手套，脚上垫绝缘板等。

（4）为了防止有害气体和烟尘的危害，操作工人都应戴防护口罩，操作现场应加强通风。

（5）为防止焊接辅助工和焊接地点附近的其他工作人员受弧光伤害问题，工作时要注意相互配合，辅助工要戴颜色深浅适中的滤光镜。在多人作业或交叉作业场所从事电焊作业，要采取保护措施，加设防护遮板。

（6）为防止电焊工受噪声危害，焊工可戴隔音耳罩或防音耳塞。

（7）为防止电焊工眼睛受到伤害，清理焊缝时应戴护目镜。

【案例 6-8】敲渣方法不当引发的伤害事故

[事故经过]

某年某厂电焊工周某用工具清理焊缝时，被飞起的焊渣击中左眼。

[事故原因]

1）电焊工张某清理焊渣时未戴护目镜，致使焊渣飞起击中左眼。

2）张某清理焊渣的操作方法不当，焊渣飞出的方向对着自己。

[对策措施]

1）焊工清理焊缝时必须戴护目镜。

2）清理焊渣时，焊渣飞出的方向应避开自己和周围的人。

（8）为防止电焊工受辐射伤害，接触钍钨棒后应洗手，并经常清洗工作服及手套等。

（9）为防止电焊工急性中毒，对于在剧毒场所进行抢修焊接作业时，应该佩戴隔绝式氧气呼吸器。

三、防止火灾和爆炸事故发生的措施

（1）储放易燃易爆物品的容器未经清洗，严禁焊接。要焊接储放易燃易爆的容器时，首先要把容器残剩的油、氨水等物质排尽，清除可燃性气体，在确保没有爆炸的危险性之后才可以焊接，如使用可燃气体探测器检查将更加安全。

【案例 6-9】氨水罐上无证用火引发的伤害事故

[事故经过]

某年某厂安装小组电焊工王某和其他 3 名检修工需在氨水罐上焊接，他们未办理用火证，也未采取安全措施，在焊接时发生了爆炸事故。

[事故原因]

1）操作工人安全意识淡薄，在氨水罐上焊接时，未办理用火手续，未采取安全措施。

2）在氨水罐上进行焊接时，对氨水罐没有进行清洗置换。

3）氨水罐中装有达到爆炸极限的氨气和少量的氢气、甲烷，遇到焊接的明火使氨水罐发生爆炸。

[对策措施]

1）对易燃易爆容器施焊前，要办理用火手续，采取可靠的安全措施。

2）在易燃易爆容器上焊接时，应进行清洗置换。

3）企业应加强职工安全生产教育，提高职工安全生产意识。

（2）带压力的管道或密闭容器，如空气压缩机、高压气瓶、高压管道、带气锅炉等，不能焊割。在容器内工作，没有 12V 低压照明和通风不良及无人现场监护的情况下不能焊割。卸压后焊接管子、容器时，必须把孔盖、阀门打开后才能焊割。

（3）在10m以内，有与焊割明火操作相抵触的工种不能焊割，如汽油擦洗、喷漆、灌装汽油等工作会排出大量易燃气体。

（4）焊接处10m以内不得有可燃易燃物，工作点通道宽度应大于10m。

【案例6-10】焊渣引燃木材引发的伤害事故

［事故经过］

某市某铁矿电焊工张某在铁矿井下进行焊接，在焊接作业场所附近有木支架等可燃物，在张某焊接离开后不久发生燃烧事故。

［事故原因］

1）张某安全意识淡薄，违章操作，在焊接前没有清理焊接地点附近的木支架等可燃物。

2）张某焊接完毕后，没有清理工作场地，导致焊割下的高温金属残块及焊渣引燃木支架等可燃物，引发井下火灾。

（5）高空作业时应注意焊接熔渣的飞出方向，电焊机与高处焊接作业点的距离要大于10m，电焊机应有专人看管，以备紧急时立即拉闸断电。

（6）在禁火区内（防爆车间、危险品仓库附近）未采取严格隔离安全措施，不能焊割。企业在禁火区域内动火，要实行三级审批制。

（7）电焊机、焊钳、电缆等绝缘应保持完好，导线与电焊机、焊钳等应连接牢固，电焊机应保护接零或可靠接地，焊接绝缘软线不得少于5m，施焊时软线不得搭在身上，地线不得踩在脚下。

（8）焊接作业时应把乙炔瓶和氧气瓶安置在10m以外，使用各种气瓶时应遵守气瓶安全操作规程。

（9）操作时不准把焊钳直接放在操作台或焊件上，不能把导线与氧-乙炔皮管混放在一起，不能把导线放在焊接处和焊件上，严禁把导线放在氧气瓶、乙炔瓶、乙炔发生器等易燃易爆器具上。

（10）焊接作业结束后，必须及时彻底清理现场，清除遗留下来的火种，关闭电源，把焊钳放在安全的地方。焊工所穿的衣服下班后也要检查有无隐燃的现象。

（11）焊工未经安全技术培训考试合格、领取操作证，不能焊割。

第二节　电弧焊安全生产知识

一、一般电焊工的安全操作规程

（1）电焊工必须经过有关部门安全技术培训，取得特种作业操作证后，方可独立操作上岗；明火作业必须履行审批手续。

（2）焊接作业前操作者必须穿戴好劳动防护用品。应穿工作服，穿绝缘鞋，戴绝缘手套，脚上垫绝缘板，操作时（包括打渣）所有工作人员必须戴好面罩和护目镜，仰面焊接应扣紧衣领，扎紧袖口，戴好防火帽。

【案例 6-11】未使用防护面罩引发的伤害事故

［事故经过］

某年 10 月，某厂电焊工进行焊接作业，未使用焊接防护面罩，造成右眼视网膜被严重灼伤而失明。

［事故原因］

焊接作业时，电焊工没有使用电焊防护面罩，电弧强光及紫外线辐射直接作用于眼睛，灼伤右眼视网膜，造成右眼失明致残。

［对策措施］

电弧焊工操作前，必须按规定穿戴好个人防护用品，并使用有护目玻璃的防护面罩。

（3）下雨天不准露天施焊，在潮湿地带工作时，应站在铺有绝缘物品的地方并穿好绝缘鞋。

（4）焊接场地禁止堆放易燃易爆物品，焊接场地应保证足够的照明和良好的通风，焊接场地应备有消防器材。

【案例 6-12】操作不当引起的爆炸事故

［事故经过］

福建某村村民刘某在搭建铁件停车棚，请两名电焊工施某和周某进行焊接。两人在焊接过程中不慎引起爆炸，导致三层砖混结构的房屋坍塌，造成多人伤亡事故。

［事故原因］

1）离刘宅仅约 30m 远的地方有一个火药库，里面放有雷管、炸药等危险品。

2）电焊工施某和周某在焊接过程中操作不当引起氧气瓶爆炸，并引发火药库的部分雷管、炸药爆炸。

（5）在作业场所 10m 以内，不应储存易燃易爆物品。作业场所有易燃易爆物品又必须进行焊接作业时，必须进行审批，并通知消防部门和安检部门到现场检查，采取临时性安全措施后方可进行操作。

【案例 6-13】焊渣掉到可燃物上引发的伤害事故

［事故经过］

某日，某公司请王某和周某等 4 名无电焊工上岗证的人员进行焊接。他们主要焊接地下一层与地下二层分隔铁板，在焊接时电焊熔渣掉到地下二层家具商场的可燃物上引燃大火。王某和周某等用水扑救无效后未报警，即逃离现场，导致在商场游玩和购物的 309 人死亡。

[事故原因]

1）焊接属于特种作业，王某和周某等安全意识淡薄，无证上岗。

2）王某和周某等在危险场地焊接作业时，没有进行审批，没有通知消防部门和安检部门到现场检查。

3）王某和周某等在焊接时没有采取安全措施，没有清理作业场所附近的易燃易爆物。

（6）对带有压力的压力容器、管道施焊前，必须事先泄压，置换清洗除掉有毒物质，通风并经监测合格后才能施焊。

（7）在容器内焊接，必须设专人监护，并有良好通风措施，照明电压采取12V。禁止在已做油漆或喷涂过塑料的容器内焊接。

（8）电焊机、焊钳、电缆等绝缘应保持完好，导线与电焊机、焊钳等应连接牢固，电焊机应保护接零或可靠接地。电焊机接零（地）线及电焊工作回线都不准搭在易燃易爆的物品上，也不准搭在管道和机床设备上。

（9）各种设备、容器进行焊接后，要及时检查焊接质量是否达到要求，对漏焊、虚焊等缺陷应修补好。高压重要设备要经过探伤检验合格后才能使用，容器、管道等设备要经过水压或气压试验合格后，才能使用。

（10）电焊机从电力网上接线或拆线以及接通、更换熔丝等工作，均应由电工进行。

（11）推刀开关时，身体要与闸刀偏斜些，要一次推足，然后开启电焊机。

（12）移动电焊机时，必须先关掉电源；焊接中突然停电，应立即关掉电焊机；焊接结束时，要先关电焊机，才能断开电源刀开关。

（13）在人多的地方焊接时，应加设遮栏挡住弧光。无遮栏时应提醒周围人员不要直视。

（14）高空作业时应注意焊接熔渣的飞出方向。电焊机与高处焊接作业点的距离要大于10m。焊机应有专人看管，以备紧急时立即拉闸断电。

【案例6-14】用烧红的焊条点烟引发的伤害事故

[事故经过]

某年某建筑工地一名焊工黄某在高处焊金属架，焊接时电焊机的一端连接着构件（电焊机一端必须接通金属架构件才能施焊）。焊接一段时间后黄某开始休息。黄某休息时未系安全带，又用烧红的焊条点烟，结果电流立即通过黄某，黄某从金属架上坠落。

[事故原因]

1）电焊机的一端连接着构件，焊工在高处用烧红的焊条点烟，从而引起触电事故。

2）黄某休息时未系安全带，触电后从高处坠落。

（15）工作完毕，应检查焊接工作场地有无异常状况，然后切断电源，灭绝火种。

（16）电焊机要经常维护保养，不准放在潮湿的地方，工作场地要保持整洁。

二、埋弧焊安全操作规程

（1）操作人员必须持有电气焊特种作业操作证方可上岗。

（2）作业前，应检查并确认埋弧焊机，如图 6-1 所示，各部分导线连接良好，控制箱的外壳和接线板上的罩壳盖好。

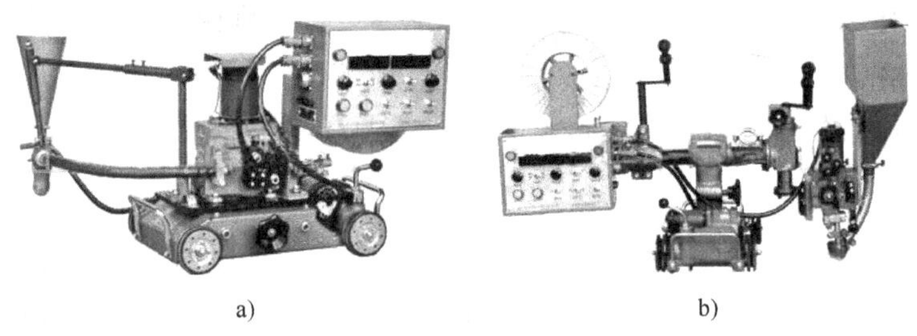

a)　　b)

图 6-1　埋弧焊机

（3）应检查并确认送丝滚轮的沟槽及齿纹完好，滚轮、导电嘴（块）磨损或接触不良时应更换。

（4）作业前，应检查减速箱油槽中的润滑油，不足时应添加。

（5）软管式送丝机构的软管槽孔应保持清洁，并定期吹洗。

（6）作业时，应及时排掉焊接中产生的有害气体，在通风不良的舱室或容器内作业时，应安装通风设备。

（7）焊接操作及配合人员必须按规定穿戴劳动防护用品，并必须采取防止触电，高空坠落和火灾等事故的安全措施。

（8）现场使用的电焊机，应设有防雨、防潮、防晒的机棚，并应装设相应的消防器材。

（9）遵守一般电焊工的安全操作规程。

三、氩弧焊安全操作规程

氩弧焊安全操作规程

（1）操作人员必须持有电气焊特种作业操作证方可上岗。

（2）工作前检查氩弧焊机（图 6-2）是否良好。

（3）检查焊接电源，焊机是否有接地线，MIG 焊机传动部分加润滑油。（TIG 为钨极氩弧焊机是手工送丝，而 MIG 为熔化极氩弧焊机，有送丝机构。）

（4）氩弧焊机必须由专人负责。

（5）自动氩弧焊机和全位置氩弧焊不得远离施焊场地，以便在发生故障时可以随时关闭。

（6）采用高频引弧必须经常检查有无漏电。

（7）设备发生故障应停电，由电工检修，操作工人不得自行修理。

a)

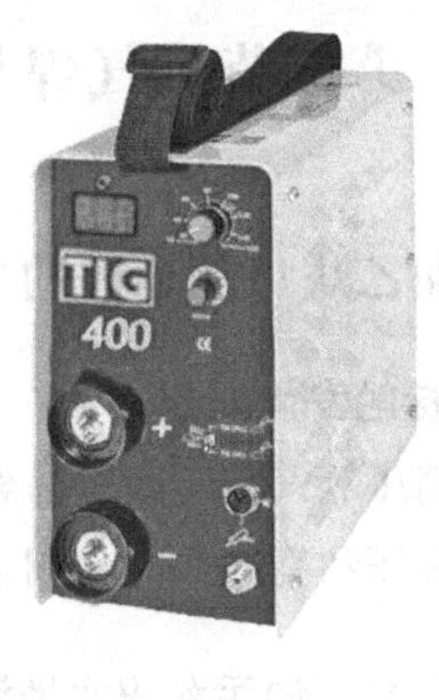

b)

图6-2　氩弧焊机

（8）在电弧附近不准赤身和暴露其他部位，不准在电弧附近吸烟、进食，以免将臭氧等吸入体内。

（9）焊接过程中避免钨极与焊件短路或钨极和焊丝接触。

（10）更换钨极时要等焊枪冷却，防止烫伤。

（11）磨钍钨极时必须戴口罩、手套，并遵守砂轮机操作规程。

（12）手工氩弧焊工人，应随时佩戴防静电口罩，操作时尽量减少高频电工作时间，连续工作不得超过6h。

（13）遵守一般电焊工的安全规程。

四、二氧化碳气体保护焊安全操作规程

二氧化碳气体保护焊安全操作规程

（1）操作人员必须持有电气焊特种作业操作证方可上岗。

（2）检查气体保护焊机各电路连接情况，要求接地良好，连接牢固。

（3）二氧化碳气瓶应可靠固定，放置温度低于40℃的地方，气瓶与热源距离应大于3m，气瓶阀门处不得有污物，开启气瓶阀门时，不得将脸靠近出气口。

（4）焊接时按顺序打开电源、气阀，观察指示灯有无异常，将焊机上各项选择开关或旋钮调到所需的工艺参数上。

（5）打开气体检查旋钮，查看气体流量，方可施焊。

（6）点焊时，不得观看焊嘴孔，不得将焊枪前端部靠近脸部、眼睛及身体，不得将手指、头发、衣服等靠近送丝轮等回转部位。

（7）焊接过程中发现异常应立即关闭电源、气源，再做处理。

（8）气体保护焊机作业结束后，禁止立即用手触摸焊枪导电嘴，应按顺序关闭电源、气源。

（9）焊接完成后，检查有无遗留火种，清扫现场后方可离开。

第三节　气焊与气割安全生产知识

一、高压氧气和乙炔可能造成的危害

1. 高压氧气与油接触发生爆炸

当工业中常用的高压氧气与油脂等易燃物质相接触时，就会发生剧烈的氧化反应而使易燃物质自行燃烧，在高压和高温同时作用下，促使氧化反应更加剧烈而引起爆炸。

【案例 6-15】向含有油污和积水地沟内吹氧引发的伤害事故

[事故经过]

某厂的 3 名青年电焊工到地沟里去排除积水，由于水面上有一层油，油蒸气使电焊工感到胸闷，焊接组长胡某用氧气胶管向地沟吹送氧气，随即胡某下地沟去找一名焊工，当胡某手持香烟刚下到梯子的一半时，地沟突然起火。

[事故原因]

1）电焊工安全意识淡薄，在工作场所抽烟。

2）胡某用氧气胶管向地沟里吹送氧造成富氧环境，抽烟时烟火点燃富氧状态的油蒸气。

[对策措施]

1）严禁利用氧气进行通风换气或吹扫工作服。

2）工作场所严禁抽烟。

3）企业应加强职工安全意识。

2. 纯乙炔自爆

所谓纯乙炔自爆，通常指乙炔气体并没有和其他气体混合而自行爆炸。形成乙炔自爆的条件是温度和压力。当压力为 147kPa 表压而温度超过 580℃时，乙炔就产生爆炸分解。压力越高，乙炔爆炸分解所必需的温度越低。

3. 乙炔与氧气、空气混合后产生爆炸

（1）乙炔与氧气混合后产生爆炸的条件是氧气中乙炔的含量达到 2.8%～93%（尤其是 30%）时，在正常的大气压下达到自燃温度 305℃就会发生爆炸。

（2）空气中乙炔的含量达到 2.2%～81%（尤其是 7%～13%）时，遇静电火花、高温、明火或达到乙炔与空气混合气体的自燃温度 305℃时就会发生爆炸。

二、气瓶使用的安全注意事项

1. 氧气瓶使用的安全注意事项

（1）严禁接触和靠近油品及其他易燃品，严禁与乙炔等可燃气体的气瓶混放在一起或者同车运输。

（2）夏季使用时要放在阴凉地点或采取防晒措施，不得靠近热源。

（3）氧气瓶内气体不得用尽，余气表压应保持96～196kPa，以防瓶内混入其他气体引起爆炸。

（4）瓶体要装防振圈，应轻装轻卸，避免受到剧烈振动和撞击，以防止因气体膨胀而发生爆炸。

【案例6-16】违规卸载氧气瓶引发的伤害事故

［事故经过］

某重型机械厂铆工段某因急需用氧气，在没有征得领导同意的情况下临时让装配工刘某、陈某去氧气站拉了一车氧气瓶，在厂门口卸车时，门卫喊陈某，让他去接电话。在陈某去接电话时，刘某等不及便自己卸车。由于刘某一人很难把氧气瓶搬下去，因此就用脚蹬滚动瓶罐到车厢边，然后就抛扔氧气瓶到地上。可是当刘某在抛落第三个氧气瓶的时候，氧气瓶突然发生爆炸。

［事故原因］

1）装配工刘某不懂装卸氧气瓶技术和知识，采用脚蹬、抛扔的办法卸载氧气瓶。

2）氧气瓶被抛扔，从1m的高处撞击地面，受突发震荡，氧气瓶内氧气膨胀超压而导致爆炸。

3）氧气瓶长期使用，氧气瓶壁厚受腐蚀后瓶壁厚度已低于设计值。

［对策措施］

1）工厂应教育职工严格遵守安全操作规程，装运氧气瓶之类高压气瓶应由专业搬运工进行搬运，运输过程中严禁野蛮装卸，严禁撞击。

2）氧气瓶壁下部应装有良好的保护胶质垫圈，储存及运输钢瓶都应立式存放，不可在烈日下长时间曝晒，以免产生高温。

3）定期做好气瓶技术检验，确保质量安全，不合格的气瓶严禁使用。

（5）储运时，瓶阀应戴安全帽，防止损坏瓶阀而发生事故。

（6）不得手掌满握手柄开启瓶阀，且开启速度要缓慢；开启瓶阀时，人应在瓶体一侧，且人体和面部应避开出气口及减压器的表盘。

（7）瓶阀冻结时，可用热水或蒸汽加热解冻，严禁敲击和火焰加热。

（8）现场使用的氧气瓶（及其他钢瓶）应直立或放置到专用的瓶架上，或放在比较安全的地方，并固定牢固，防止倾倒。

2. 乙炔瓶使用的安全注意事项

（1）乙炔瓶不得靠近热源或在阳光下曝晒。

【案例6-17】违章作业引发的伤害事故

［事故经过］

某日下午，某气体有限公司下属经销点驾驶员魏某和押运员杨某，送乙炔瓶至用户单位仓库卸货。在杨某采用开启瓶阀放气方法检查瓶内气体压力时，突遇在仓库门口不足 3m 处磨光机作业产生的火星，引燃放出的乙炔气，导致火焰喷出 10m 外，杨某被火烧伤。

[事故原因]

1）押运员杨某违规检查乙炔瓶，擅自在用户单位仓库门口开启乙炔瓶阀排放乙炔气，导致现场存在易燃气源。

2）用户单位在工业气体仓库门口进行磨光机作业，产生飞溅火星点燃了乙炔气体。

3）经销点严重失职，没有配置安全作业装备，没有给职工配备劳动防护用品。

4）经销点没有对员工进行安全教育和上岗培训，使员工长期无证上岗。

[对策措施]

1）气体经销单位应切实履行安全管理职责。对单位内部有关人员应加强上岗培训和安全教育，并经有关部门考核，取得安全从业资格。

2）气体经销单位应注重安全资金投入，应配置安全作业装备，配发员工劳动防护用品，配备应急救援灭火器材等。

3）气体经销单位应强化安全技术措施，制订有关安全技术操作规程，落实气瓶固定充装单位充装制度。

4）工业气体气瓶装卸、运输、押运人员，应认真执行气瓶安全技术操作规程，并按规定正确使用劳动防护用品，掌握工业气体气瓶事故应急救援处置技能。

（2）乙炔瓶必须直立存放和使用，禁止卧放使用。

（3）瓶内气体不得用尽，必须留有不小于 50kPa 表压余气。

（4）瓶阀应戴安全帽储运。

（5）瓶体要装防震圈，应轻装轻卸，避免受到剧烈震动和撞击引起爆炸。

（6）瓶阀冻结时，严禁敲击和火焰加热，只可用热水或蒸汽加热解冻，不允许用热水或蒸汽加热瓶体。

（7）必须配备减压器方可使用。

3. 液化石油气瓶的安全使用要求

（1）不得靠近热源、火源或曝晒。

（2）冬季气瓶严禁用火烤或沸水加热，只可用 40℃ 以下温水加热。

（3）禁止自行倾倒残液，防止发生火灾和爆炸。

（4）瓶内气体不得用尽，应留有一定余压（具体压力由装瓶单位确定）。

（5）禁止剧烈震动和撞击。

（6）严格控制充装量，不得充满气体。

三、减压器使用的安全注意事项

（1）安装氧气减压器之前，要略打开氧气瓶阀门吹除污物，氧气瓶阀喷嘴不能朝向人体方向。

(2) 在开启氧气瓶阀门前，先要检查调节螺钉是否松开，对于满瓶的氧气瓶阀门不能开得太大。

(3) 减压器与氧气瓶阀处接头螺母连接良好，并用扳手紧固。

(4) 氧气减压器外表涂蓝色，乙炔减压器外表涂白色，两种减压器严禁相互换用。减压器内外均不准沾有油脂，调节螺钉不准加润滑油。

【案例 6-18】戴着沾有油脂的手套安装氧气减压器引发的伤害事故

[事故经过]

某耐火材料厂需进行气割作业。气割工周某戴手套安装氧气瓶上的减压器，装好后未进行检查。在开启氧气瓶阀时，发现减压器与瓶嘴连接处漏气，他便脱下手套，把手伸到漏气处检查，突然一股火焰喷射出来，周某的右手虎口被烧伤。

[事故原因]

1) 周某违反氧气瓶使用操作规程，戴上有油脂的手套安装减压器，使氧气瓶沾有油脂。

2) 周某未旋紧减压器螺母，当开启氧气瓶阀时高压氧气喷出，油脂在高压氧的作用下，迅速氧化并自行燃烧。

(5) 减压器上的压力表应保持完好并定期校验。减压器有故障应立即停止使用，并由专人或有经验的人员修理，其他人员不得随意拆卸。

(6) 减压器冻结时，严禁敲击和用火焰加热，只能用热水或蒸汽解冻。工作结束应及时将减压器从气瓶上拆除，并妥善保管。

四、焊炬和割炬使用时的安全注意事项

(1) 焊炬、割炬点火前应检查连接处和各气阀的严密性。

(2) 焊炬、割炬点火时应先开乙炔阀，后开氧气阀。喷嘴不得对人。

(3) 焊炬、割炬的焊嘴因连续工作过热而发生爆鸣时，应用水冷却；如因堵塞而发生爆鸣时，应立即停用，待剔通后方可继续使用。

(4) 严禁将点燃的焊炬、割炬挂在工件上或放在地面上。

(5) 严禁将焊炬、割炬做照明用。严禁用氧气吹扫衣服或纳凉。

(6) 气焊、气割操作人员应戴护目镜。当使用移动式半自动气割机或固定式气割机时，操作人员应穿绝缘鞋，并采取防止触电的措施。

(7) 气割时应防止割件倾倒、坠落。距离混凝土地面（或构件）太近或集中进行气割时，应采取隔热措施。

(8) 气焊、气割作业完毕后，应关闭所有气源的供气阀门，并卸下焊（割）炬，严禁只关闭焊（割）炬阀门或将输气胶管弯折便离开作业场所。

(9) 严禁将未从供气阀上卸下的输气胶管、焊炬和割炬放入容器或工具箱内。

（10）橡胶软管应按下列规定区分：氧气胶管为红色；乙炔气管为黑色；氩气管为绿色。

五、手工气焊（割）工的安全操作规程

（1）严格遵守一般焊工安全操作规程。遵守乙炔瓶、氧气瓶、橡胶软管等的安全使用规则和焊（割）炬的安全操作规程。

【案例 6-19】违章气割密封油桶引发的爆炸事故

[事故经过]

某市有两个收废品的妇女收到一个油桶。她们就请街头修理自行车的黄师傅用气割的方法把油桶割开，以便把油桶转卖掉。黄师傅在气割的过程中油桶发生爆炸，黄师傅被炸掉一只手和一条腿。

【案例 6-20】违章气割密封容器引发的爆炸事故

[事故经过]

某市一钢板切割加工店的气割工夏某在气割化学品的容器的过程中，压力容器发生爆炸。

[事故原因]

1）夏某安全意识淡薄，对化学容器进行气割时，未采取安全措施，没有对容器进行清洗或置换。

2）夏某在气割时没有把容器的阀门打开。

[对策措施]

1）气割时严格遵守操作规程，气割前应先办理用火手续，采取严格的安全措施。

2）根据化学容器内的性质，对容器进行清洗或置换，进行用火条件分析等。

3）气焊操作工必须持证上岗。

（2）乙炔站应由专人操作，遵守乙炔站安全运行规程。

（3）工作前或乙炔站停工时间较长再工作时，必须检查所有设备。乙炔发生器、氧气瓶及橡胶软管接头、阀门及紧固件应紧固牢靠，不准有松动、破损和漏气现象，氧气瓶及其附件、橡胶软管、工具上不能沾染含油脂的泥垢。

（4）检查设备、附件及管路漏气时，只准用肥皂水试验。试验时，周围不准有明火，不准抽烟，严禁用火试验漏气。

（5）氧气瓶、乙炔发生器（或乙炔瓶）与明火间的距离应在 10m 以上。如条件限制也不准小于 5m，并应采取隔离措施。

（6）禁止用易产生火花的工具去开启氧气或乙炔阀门。

（7）气瓶设备管道冻结时，严禁用火烤或用工具敲击冻块。氧气阀或管道要用 40℃ 的温水解冻；乙炔发生器、回火防止器及管道可用热水或蒸汽加热解冻，或用 23%～30% 的氯

化钠热水溶液解冻、保温。

（8）气焊（割）接场地应备有消防器材，露天作业应防止阳光直射在氧气瓶、乙炔瓶或乙炔发生器上。

（9）乙炔发生器中的压力容器及压力表、安全阀，应按规定定期送交校验和试验。检查、调整压力器件及安全附件，应取出电石篮，采取措施，消除余气后才能进行。

（10）工作完毕后或离开工作场地时，要拧上气瓶的安全帽，收拾现场，把气瓶和乙炔发生器放在指定地点。

【案例 6-21】用氧气检测是否漏气引发的爆炸事故

[事故经过]

某日某门业公司从某机械厂购进塑料发泡机，某机械厂派出祝某、章某 2 名工人到该公司生产车间，对塑料发泡机进行调试。该门业公司应要求派出 5 名工人参与协助调试。13 时许，考虑到制冷机组里的压缩机铜管漏气，可能需要焊接，祝某让辅助人员拉来气焊设备（有氧气和乙炔气瓶）。换好一根铜管后，祝某想检测一下管道是否还有漏气，先用氮气（生产现场配套设置用气）进行充气检测，发现氮气瓶的管口与压缩机的管口连接不配套，而氧气瓶的管口与压缩机的管口正好配套，就改用氧气。充气检测后，发现水箱上口有一根铜管漏气。关掉氧气开关后，祝某叫辅助人员拆下一只水管、放掉冷却水箱的水。放出来时，发现流出的水很小，祝某叫辅助人员去开水泵开关抽水。待开机后，其压缩机发生爆炸。

[事故原因]

1）充气检测作业违章使用氧气介质，致使压缩机组内的润滑油与氧气混合，开机后混合气体在高压和高温作用下发生爆炸。

2）祝某身为设备调试人员，虽有焊接特种作业操作证，却违章操作酿成事故。

安全知识链接

◆ 某公司员工李某在车间操作时被电焊机压伤左手食指。

◆ 某公司员工马某在调试电焊机时不慎左手拇指被电焊机压伤。

◆ 某企业金工车间夹具工张某在车间锯管机上作业，王某在金工车间门口用乙炔割钢板时，皮管破裂引起爆炸，皮管破裂位置就是割枪后尾部，导致王某双手及面部被烧伤。

思考与练习

1. 焊接中易发生哪些伤害事故？
2. 防止火灾和爆炸事故发生的措施有哪些？
3. 试述一般电焊工的安全操作规程。

4. 试述焊条电弧焊的安全操作规程。
5. 试述埋弧焊的安全操作规程。
6. 试述氩弧焊的安全操作规程。
7. 高压氧气与乙炔可能造成哪些危害?
8. 试述气焊（割）工的安全操作规程。

第七章 铸造安全生产知识

第一节 铸造中易发生的伤害事故及铸造车间作业环境的安全要求

一、铸造中易发生的伤害事故及其原因

1. 操作者被烫伤或烧伤

引起这类伤害事故主要有以下几点原因：

（1）冶炼时，原料中混入过多水分或操作不当而引起金属液喷溅烧伤工人。

【案例 7-1】出铝口内衬脱落引发的伤害事故

［事故经过］

某日，某集团铝母线铸造分厂一台混合炉在铸母线过程中，由于职工操作不当，导致出铝口内衬脱落，致使约 30t 高温铝液从炉内流到炉外，进入造型机下的循环水箱释放大量热能，从而引发事故。

（2）砂型因烘干不良，过分湿润引起铁液注入时产生大量水蒸气而使铁液喷溅伤人。

（3）因铸型质量有问题，浇注时上箱被金属熔液浮起，造成铁液流出或着火的气体溢出箱外而引起烫伤事故。

（4）用浇包浇注时，钢绳断裂或固定钢丝绳的压板螺栓松动，以致浇包滑落倾覆引起烫伤事故。

【案例 7-2】起重机钢丝断裂引发的伤害事故

［事故经过］

某铸造车间工人在作业过程中吊浇包的钢丝绳断裂，浇包坠落，钢液倾泻，上千摄氏度的钢液落在湿润的铸型上，猛烈的水蒸气将屋顶冲毁。

【案例 7-3】起重设备不符合规定引发的伤害事故

［事故经过］

某公司生产车间，一个装有约 30t 钢液的浇包在吊运至铸锭台车上方 2～3m 高度时，突然发生滑落倾覆，浇包倒向车间交接班室，钢液涌入室内，致使正在交接班室内开班前会的 32 名职工当场死亡。

［事故原因］

1）该公司起吊浇包没有采用冶金专用的铸造起重机，而是违章使用一般用途的普通起重机。

2）起重机日常维护不善，起重机上用于固定钢丝绳的压板螺栓松动。

3）作业现场管理混乱，厂房内设备和材料放置杂乱，作业空间狭窄，人员安全通道不

符合要求。

4）违章设置班前会地点，该车间长期在距钢液铸锭点仅5m的真空炉下方小屋内开班前会，浇包倾覆后造成人员伤亡惨重。

2. 操作者被砸伤、摔伤

引起这类伤害事故主要有以下几点原因：

（1）吊运砂箱、铸件时吊物脱落伤人。

（2）搬运过程中，因铸型箱叠放过高，推车时倒塌而砸伤人。

（3）装卸砂箱、铸件时砸伤手脚。

（4）砂箱、铸件和原料（铸铁块等）堆放过高，倾倒砸伤人。

3. 操作者受粉尘及有毒气体的危害

引起这类伤害事故主要有以下几点原因：

（1）碾碎、筛砂、混砂、造型、落砂、清砂、喷丸等工序都有粉尘产生，长期吸入铸造粉尘可引起铸工尘肺。

（2）铸铁熔炼和浇注过程中产生大量粉尘及一氧化碳等气体。

（3）非铁金属（如铜、铝合金等）在用坩埚熔化过程中产生大量粉尘和有害气体。

4. 操作者受电击伤害

引起这类伤害事故主要有以下几点原因：

（1）使用机械设备没有保护接地和接零引发的触电事故。

（2）电气设备绝缘损坏，引起漏电。

（3）铸造车间非常闷热，使用电风扇等电气设备因漏电发生的触电事故。

【案例7-4】私拉乱接引发的触电事故

[事故经过]

某厂铸造车间，职工严某、陈某等人在进行工艺件造型，由于天气炎热，严某将电风扇的电源插头接在220V单相电源线上，并将插头随意放在翻斗车上，严某去拉翻斗车时，发生触电。

[事故原因]

1）企业缺乏必要的用电设施，接电部位无任何安全防护装置，存在重大的安全隐患。

2）严某将电风扇插头直接接在220V电源线上，并随意放在翻斗车上，属于私拉乱接。

[对策措施]

1）铸造车间应安装通风机、电风扇或其他有足够通风能力的设备。

2）企业应提高职工安全用电意识，禁止私拉乱接。

【案例 7-5】把电源线搭接到三相闸刀进线端引发的触电事故

［事故经过］

某企业铸造车间，铸造工王某等 4 人在铸造车间进行小铁锤毛坯造型。由于天气炎热，铸造工王某将三相铁强力电风扇从另一车间移至造型车间。由于电风扇电源线较短，铸造工王某用二相护套线连接电风扇电源线，而且造型车间没有安装电源插座，只装有一把三相刀开关，于是铸造工王某卸下三相刀开关上部防护壳，把电风扇电源线直接搭接到三相刀开关进线端，当铸造工王某用手对电源线搭接时，发生触电。

［事故原因］

1）铸造工不懂用电知识，擅自将电风扇电源线直接搭接到三相刀开关进线端。

2）企业各车间的电气设备使用插座及线路未按规定规范配置和安装。

3）企业对职工没有进行必要的上岗安全教育和有效管理。

［对策措施］

1）提高职工安全用电意识，禁止私拉乱接。

2）工厂各车间的电气设备应按规定规范配置和安装插座及线路。

5. 操作者的手指受到伤害

引起这类伤害事故主要有以下几点原因：

（1）混砂机运转时试图伸手取出砂样或铲出砂子，造成手被打伤或被拖进混砂机。

（2）在清理和落砂时手被铸件的飞边刮伤。

（3）造型时手被砂箱挤伤。

二、铸造车间作业环境的安全要求

铸造生产的作业环境和劳动条件相对比较恶劣，杂乱的环境增加了事故发生的可能性。良好的铸造车间作业环境应是工作场地布置合理、空气清新、照明充足、通道畅通等。

1. 工作场地布置要求

（1）工作场地的布置应使人流和物流合理，留有足够的通道，并保证畅通，通道要平整、不打滑、无积水、无障碍物。

（2）使用或检修行车的工作人员在开动行车时应注意周围的情况，防止发生意外事故。

【案例 7-6】在行车上休息引发的伤害事故

［事故经过］

某日，某机械厂职工李某正在对铸造车间的行车起重机进行检修，因为天气热，李某有些困意，便靠在栏杆上休息，结果另一名检修人员开动行车，李某没注意，身体失去平稳而掉下，造成严重摔伤。

[事故原因]

1）李某安全意识不强，靠在高空栏杆上休息。

2）检修人员开动行车时没有注意周围情况，违反操作规程。

2. 材料存放要求

（1）砂箱、铸件和原料等要堆放整齐，不可堆叠过高。

（2）堆放材料的地面要平整、坚实，避免物料倾倒造成伤害事故。

3. 通风的要求

（1）室内工作区域应有良好的自然通风。

（2）在生产过程中产生对身体有害的烟气、蒸气、其他气体或灰尘的地方，如果依靠空气的自然循环不能带走，必须装设通风机、电风扇或其他有足够通风能力的设备，并应注意对设备进行维护和保养。

4. 照明的要求

铸造车间照明应符合国家标准 GB 50034—2013《建筑照明设计标准》的要求。

安全知识链接

◆ 某公司职工唐某在车间开炉卸料时，由于上层毛坯没叠好，掉下来的工件将其右手小指砸伤。

◆ 某公司职工叶某在铸造车间工作时不慎被铸件压伤右脚脚背。

◆ 某公司职工周某在熔炼车间上班时被煤渣烫伤双脚。

◆ 某公司铸工王某在车间吊冒口时，被滑落的冒口砸伤右脚大脚趾。

◆ 某公司铸造工黄某在工作时，不慎被砂箱砸伤左脚。

◆ 某公司员工兰某在工作时不慎被铁液烫伤右肩。

◆ 某公司员工胡某在浇铸车间扒铝灰时，不慎撞伤右手。

◆ 某公司杨某在浇铸车间拆铸型时，左手大拇指被上箱压破受伤。

◆ 某公司职工在检修压铸机时，不慎被机器压伤右手。

◆ 某铸造厂职工王某在上班时不慎被溅出的铝液烫伤右手。

第二节　铸造的安全操作规程

一、使用混砂机的安全操作要求

（1）机器要由专人维护和管理，开车前全面检查，确认正常后，方可使用。

（2）混砂机起动后，不准用手扒料、清理碾轮，并严禁用手到碾盘上取砂样。

（3）进入碾盘内检修、清理时，必须切断电源，设专人监护，并在开关柜上挂上“有人检修，禁止合闸”的安全警示牌。

【案例 7-7】进入混砂机内检修未挂安全警示告牌引发的伤害事故

[事故经过]

某铸造厂配砂工张某，早上经常提前上班检修混砂机内舱，以保证上班时间混砂机正常运行。某日 7 时 20 分，张某来到车间打开混砂机舱门，没有在混砂机的电源开关处挂上“有人工作，禁止合闸”的警示牌便进入机内检修。张某怕舱门开大了影响他人行走，便将舱门带到仅留有 150mm 缝隙。7 时 50 分左右，配砂工人李某上班后，没有预先检查一下机内是否有人工作，便随意将舱门推上，顺手开动混砂机试车，当听到机内有人喊叫时，立即停机，但滚轮在惯性作用下继续转动，混砂机停稳后，李某与刚上班的其他职工将张某救出。

[事故原因]

1）张某进入混砂机内检修，未挂“有人工作，禁止合闸”的警示牌，是事故的主要原因。

2）配砂工人李某试车前，没有预先检查机内是否有人就推上舱门，致使混砂机的舱门连锁开关安全装置失效，随后又起动混砂机，是发生这次事故的直接原因。

3）车间领导对配砂工人的安全教育不够，执行“挂警告牌，并有人监护，不准一人独自作业”的制度不严格，职工安全意识淡薄，操作程序失控，存在随意性。

[对策措施]

1）企业应增强职工的安全意识和自我保护能力，杜绝违章行为。

2）检修人在进入混砂机内工作时，除了切断电源，挂上“有人工作，禁止合闸”警示牌外，必须请电工取下熔断器，由进入机内的检修人员随身保管，并派人在机外监护，防止事故发生。

3）车间对所有混砂机的门机连锁安全控制装置进行检查，保证其灵敏可靠。

4）对混砂机舱门进行改造，加装限制关门机构，由进入机舱维修者控制，否则不能将舱门关闭。

（4）混砂机应有取样器。无取样器的混砂机，必须在停机后取样。

（5）禁止在混砂机工作时从机中铲出型砂。

（6）及时清理散落在工作场地上的砂料和物件，以确保人员行走安全。

二、手工造型的安全操作要求

（1）手工造型、造芯时要穿好安全防护鞋，注意砂箱、芯盒的搬运方式，防止砂箱、芯盒落地砸脚和手被砂箱挤伤。

（2）用筛分或磁选方法分离出砂中的钉子、金属碎片，以防划伤手脚等。

（3）车间运送型砂的小手推车，应设安全把手，保护手部不被撞击、擦伤。

（4）造型用砂箱及材料堆放要防止倒塌砸伤人，宜用交叉堆放方式，堆放总高度一般不要超过 2m。

【案例 7-8】铝锭堆放不当引发的伤害事故

［事故经过］

某日 12 时 30 分许，某公司浇铸车间需要铝锭用于生产，车间主任任某带领叉车工胡某到仓库装运铝锭，另有仓库保管员吕某、杂工郑某在装运铝作业现场帮忙。13 时 10 分许，在胡某装运走第四墩铝锭，仓库只留下郑某一人时，吕某等人在约 50m 远处听到有人喊："救命！"紧急赶到仓库，发现有整捆铝锭翻倒将郑某压住。

［事故原因］

1）公司铝锭堆放不稳定，郑某离铝锭堆放区过近。

2）公司负责人对公司仓库铝锭堆放的不合理现象未能及时发现和整改，铝锭堆放区缺少安全警示标示。

3）企业管理存在漏洞，企业对职工的安全教育培训不够，造成职工安全意识淡薄。

（5）手工造型捣紧时，要防止捣砂锤头接近模型，以免因型砂被捣得过紧在铸型表面形成局部"硬点"，在浇入金属液后此处易"炝火"，造成烫伤。

（6）手工制造大铸件铸型时，由于模型大而重，宜采用起重机或其他提升机构起模，并要防止起模时发生起模钩与模型分离伤人的事故。

【案例 7-9】操作不当引发的伤害事故

［事故经过］

某日，某公司铸造车间正在进行造型合箱作业，行车工池某为了方便砂箱合箱，没有坐在行车驾驶室操作，而是在地面操作行车。为帮助铸造工摆正砂箱位置，对准上下销、孔合箱，行车工左手握着行车的操作开关，右手帮助铸造工扶正砂箱，在放置砂箱时，不小心压到了自己的右手，致使右手中指皮肉破碎，虽没有骨折，但需进行植皮手术。

（7）造型、造芯、合箱时，一定要注意铸型排气通畅，切不可将未烘干的型芯装配到铸型中，否则易发生"炝火"伤人。

（8）在合箱时，要注意将大的型芯放稳，以防倒塌伤人。

（9）地坑造型时，一定要考虑地下水位。要求地下水最高水平面与砂型底部最低处的距离不小于 1.5m，以防浇注时发生爆炸。

（10）用流态砂、自硬砂造型时，应加强通风，并要加强个人防护，避免型砂中的有害物质危害身体。

三、机器造型的安全操作要求

（1）使用造型机器（图 7-1）进行机器造型、造芯时，一定要熟悉机器的性能及安全操作规程。

（2）抛砂造型时，操作者之间要合理分工、密切配合。

（3）抛砂机（图 7-2）悬臂的作业范围内，不能堆放砂箱等物品，如有应将它们搬离工作区，以免被抛砂机悬臂刮倒，造成人员和设备损害。

（4）中断工作时，悬臂应紧固，使其不能游动。

（5）打开抛砂机、检修输送带前，必须切断电源。

（6）抛砂机应可靠接地。

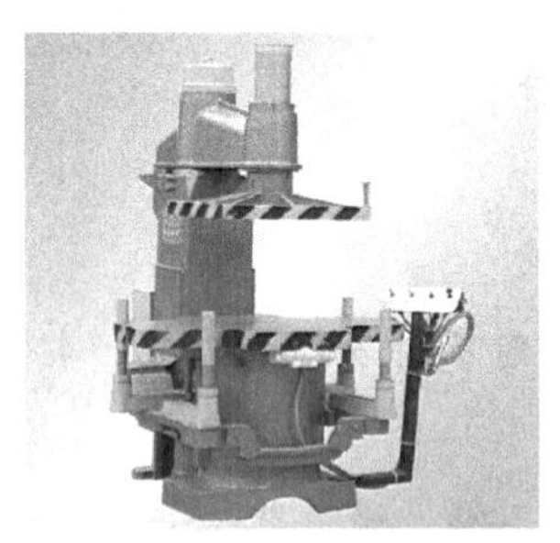

图 7-1　造型机器

图 7-2　抛砂机

四、浇注时的安全操作要求

浇注是将由熔炉熔化出的金属液浇注到砂型中，冷却后形成铸件。浇注金属液极易发生烫伤或烧伤事故。因此要注意浇注过程中的安全问题。

（1）浇注工应穿戴好工作服，戴护目镜。

（2）在浇注前应认真检查浇包、吊环和横梁有无裂纹；还要检查吊装设备及运送设备是否完好。

（3）浇注通道应畅通，无凹凸不平，无障碍物，以防绊倒。抬包大小要合适，使浇包装满金属液后其重心在套环下部，以防浇包倾覆出抬包架。

（4）准备好处理浇余金属液的场地与锭模（砂床或铁模）。

（5）浇注时，因金属熔液与冷工具接触会产生飞溅，所有和金属熔液接触的工具，如扒渣棒、火钳等均需预热。

（6）起吊装满金属液的浇包时，注意不要碰坏铁（钢）槽和引起金属液倾倒与飞溅事故。

（7）铸型的上下箱要锁紧或加上足够重量的压铁，以防浇注时抬箱或“跑火”。

（8）在浇注中，当铸型中金属液达到一定高度时，要及时引气（点火），排出铸型中气体。

（9）浇注时若发生严重“炝火”，应立即停浇，以免金属熔液喷溅造成烫伤与火灾。

（10）浇注会产生有害气体的铸型（如水玻璃流态砂、石灰石砂、树脂砂铸型）时，应特别注意通风，防止中毒。

五、浇注工的安全操作规程

（1）浇注时必须穿戴好防护鞋、护目镜等防护用品。

（2）浇包必须严格烘烤，扒渣工具需预热干燥。

（3）浇包要放平、放稳，盛装金属液不能过满，金属液面距浇包边缘应在60mm以上。剩余的金属熔液不准乱倒（如倒在坑内，不能用砂子掩盖，防止误踏伤人）。

（4）浇注大型铸件要专人扒渣、挡渣、引气，以免发生爆炸事故，挡渣工必须随时清除因金属液洒出而生成的铁豆等。

（5）用行车运送金属熔液，必须由专人指挥，并遵守行车工安全操作规程。金属液吊运前必须插好保险并不准从人头上通过。用平车运送金属熔液，平车应先放置牢固，平车轨道及附近不得有障碍物。

（6）浇注时严禁从冒口观察金属液。浇包的对面不得站人以防金属液喷出伤人。如发生金属液溢出时，要用铁锹取砂或用泥堵塞。

（7）浇注特大铸件时，无论多少包金属液，应由一个总指挥统一指挥，分指挥服从总指挥。

（8）浇注砂箱铸件时，操作人员要站在地基稳固的地方。超过1m高的大型铸件，应在地坑中浇注，以免漏箱时发生烫伤事故。

（9）抬浇包时，应步调一致，方向统一，拐弯要慢速，要抬平、抬稳。万一有人烫伤不得将包丢掉，应通知另一人慢慢将包放下。

（10）扒渣和挡渣，不得用空心棍，不准将扒渣棍倒着扛和随地乱放。

六、压铸工的安全操作规程

（1）开动电动机前，首先将泄压阀手柄放在泄压位置，待电动机正常运转后，再放开泄压阀柄。

（2）压铸前一定要把模型先加热到规定的温度，然后才可以压入金属熔液。

（3）模具分型面接触处与浇口处，应使用防护挡板，操作人员必须戴护目镜。操作人员不得站在分型面接触处的周围，以防金属熔液喷溅伤人。

（4）禁止明火靠近油箱，油箱温度超过设备运行规定温度时，应用水冷却。

（5）从压铸模上取下铸件与浇冒口时，应使用工具。取下铸件后，应及时清除铸型上和通气孔内黏附的金属残屑。

（6）工作完毕时，必须停住油泵，关闭所有阀门。如系采用保温炉对金属熔液保温者，应关闭电源，停止保温炉上的通风设备。

事故调查报告（七）：违反清洗机操作规程，员工遭压砸身亡

某日19时20分许，某经济开发区某真空器皿股份有限公司车间内发生一起机械伤害事

故。保温杯清洗工刘某被超声波全自动清洗机压砸，经抢救无效死亡。死者刘某，女，汉族，46 岁，于 3 个月前入职某真空器皿股份有限公司，在东厂区五金一车间担任清洗工。

【事故发生经过及事故救援情况】

某日 19 时 20 分许，某真空器皿股份有限公司车间保温杯清洗工刘某，在未关闭自动清洗机的情况下，从左侧第二个窗口探入设备内部打捞清洗过程中掉落的杯子，被下行机械臂压住，经抢救无效死亡。

清洗设备为无锡市锡波超声电器设备有限公司生产的型号为 XSQ-8C 超声波全自动清洗机，该设备从清洗到烘干采用机械传送，通过热浸、超声清洗、超声漂洗、漂洗 4 个槽体，再送至烘干。槽体两侧开有平移玻璃窗各两扇，左侧第二个窗户为刘某探身进去位置，现场遗留死者一双布鞋，对应的窗内槽体中有掉落的不锈钢杯子及打捞用铁钩一只。刘某正常工位位于设备上料端，该位置设备上贴有安全操作规程，并设置有急停按钮。

【事故原因】

1. 直接原因

员工刘某安全意识淡薄，违反清洗机操作规程，在设备未停止状态下违章探入设备内部打捞清洗过程中掉落的杯子，致使被下行机械臂压住。

2. 间接原因

1）某真空器皿股份有限公司未建立健全生产安全事故隐患排查治理制度，未采取安全技术、管理措施，未及时发现并消除事故隐患。

2）某真空器皿股份有限公司的主要负责人曾某，未履行法定的安全生产管理职责，未督促、检查本单位的安全生产工作，未及时消除生产安全事故隐患。

【事故责任认定及处理建议】

1）员工刘某安全意识淡薄，违反清洗机操作规程，在设备未停止状态下违章探入设备内部打捞清洗过程中掉落的杯子，致使被下行机械臂压住是发生本次事故的直接原因，应负直接责任。因其在本次事故中死亡，故不予追究。

2）某真空器皿股份有限公司未建立健全生产安全事故隐患排查治理制度，未采取安全技术、管理措施，未及时发现并消除事故隐患。其行为违反了《中华人民共和国安全生产法》有关规定，对本次事故的发生负有责任，建议相关部门依据相关法律法规对其实施行政处罚。

3）某真空器皿股份有限公司的主要负责人曾某，未履行法定的安全生产管理职责，未督促、检查本单位的安全生产工作，未及时消除生产安全事故隐患。其行为违反了《中华人民共和国安全生产法》有关规定，对本次事故的发生负有责任，建议相关部门依据相关法律法规对其实施行政处罚。

安全知识链接

◆ 某公司职工任某从事压铸工作，在工作时右手被机器压伤。

◆ 某企业职工郭某在铸造车间进行造型作业，在造型合箱时压到自己的右手，致使右手中指和无名指皮肤受伤。

◆ 某公司职工胡某不小心被铁液烫伤颈部。

◆ 某公司职工何某在铸造时，抬铁液结束时，浇包压在右脚，造成右脚压伤红肿。

◆ 某公司铸工向某在舀铝液浇铸时，铝液溅出，烫伤右脚背。

◆ 某企业职工任某在混砂车间混砂机内进行机械维修时，没有与混砂机操作工池某沟通，混砂机操作工池某在不清楚有人在混砂机内的情况下就起动混砂机，导致任某被混砂机挤压受伤。

思考与练习

1. 铸造中易发生哪些伤害事故？
2. 混砂机使用的安全操作要求有哪些？
3. 浇注时的安全操作要求有哪些？
4. 试述浇注工的安全操作规程。
5. 试述压铸工的安全操作规程。

第八章 锻造安全生产知识

第一节　锻造中易发生的伤害事故及其原因

一、锻造中易发生的伤害事故及其原因

1. 操作者受机械伤害

引起这类伤害事故主要有以下几点原因：

（1）操作者操作中被锻锤锤头、锤杆等击伤。

（2）锻造过程中打飞锻件造成伤人。

（3）模具、工具被打飞伤人。

（4）在锻打中，锻件上的氧化铁皮飞出伤人。

（5）车间内各种通道不畅通，锻坯、锻件在堆放或运输过程中砸伤人。

（6）锻件吊运时零件坠落伤人。

2. 操作者被烧烫伤

引起这类伤害事故主要有以下几点原因：

（1）锻造车间加热设备、炽热的锻坯或锻件的热辐射，均易造成人员灼伤。

（2）锻坯加热中的进出炉，自由锻过程中锻坯的翻转、移动等，易造成人员烧烫伤。

（3）胎膜温度很高，容易把手烫伤。

（4）操作者操作不当或锻造过程中模具、工具突然破裂，致使锻件、料头等飞出，会造成人员烫伤。

（5）冲孔前常在冲孔的位置上放一些煤屑，如果冲头取出不及时，煤屑燃烧时会造成人员烧伤。

3. 操作者受电击伤害

引起这类伤害事故主要有以下几点原因：

（1）使用机械设备没有保护接地和接零引发的触电事故。

（2）电气设备绝缘损坏，引起漏电。

（3）锻造车间非常闷热，使用电风扇等电气设备漏电发生的触电事故。

4. 操作者受粉尘及有毒气体的危害

引起这类伤害事故主要有以下几点原因：

（1）火焰加热炉排出的烟尘和有害气体，会使操作者受到伤害。

（2）锻造过程中产生的烟尘会使操作者受到伤害。

5. 操作者受高分贝的噪声伤害

引起这类伤害事故主要有以下几点原因：

（1）空气锤锻打时产生高分贝的噪声。

（2）各类风机、清理滚筒运转时生产噪声。

二、锻造车间作业环境的安全要求

锻造生产的作业环境和劳动条件相对比较恶劣，杂乱的环境增加了发生事故的可能性。良好的锻造车间作业环境应是工作场地布置合理、空气清新、照明充足、通道畅通等。

1. 工作场地布置要求

（1）设备之间应留有足够的间距，以利锻坯、锻件和废料的临时存放。机器的安放位置不得使操作者站在通道上工作。

（2）必须有一定宽度的通道允许工人自由地搬进和运出材料，人行道的宽度不小于1.5m，车行道宽度不小于3m。

2. 材料存放要求

（1）锻坯和锻件应存放在锻坯库和锻件库，堆放高度应在2m以下，且底部宽度大于高度。废品和氧化皮应放废料箱或专门存放处。

（2）生产中使用的手工工具应整齐有序地放置在锻造设备附近，大型工具应放在工具库内。

（3）锻模应放在模具库内，小型锻模应存放在专用模架上。

3. 通风的要求

（1）室内工作区域应有良好的自然通风。

（2）在生产过程中产生对身体有害的烟气、蒸汽、其他气体或灰尘的地方，如果空气的自然循环不能带走，必须装设通风机、电风扇或其他有足够通风能力的设备，并应进行维护和保养。

4. 温度的要求

（1）在冬季应采取保温措施。

（2）在夏季温度超过35℃时，应采取有效的降温措施，在高温工作区需要设置局部送风装置，不得将车间的有害物质吹向人体。

5. 照明和噪声的要求

（1）机械设备布置应利用自然光源，以便有足够的光线照射。在自然光不充足的情况下，应提供局部照明。

（2）车间噪声应小于90dB。当噪声大于90dB时，必须采取有效措施消减噪声。当采取措施仍不能控制噪声时，应采用个人防护用品，如耳塞、耳罩等或减少接触噪声的时间。

第二节　锻造安全操作规程

一、使用空气锤时的安全注意事项

（1）空气锤操作人员应了解气锤的结构和性能，做到合理使用。

（2）注意空气锤的工作期限，并作定期的检修，零件如有损坏，应及时拆换。

（3）在工作过程中，如发出杂音，立即停车检查修理。

（4）经常注意油杯存油情况，并注意润滑油是否合乎规格，经常注意润滑部分的润滑情况。

（5）开车前应检查操纵杠杆的灵活性。

（6）各补气通路应在定期检修中加以疏通。

（7）不允许锻打冷的或不够热的金属。

（8）下料时锻坯位置放置应端正，切长料时锻坯位置应放平。

（9）锤在上方时间，不可超过一分钟，以免锤体发热，浪费能源，影响机器正常运转及使用寿命。

（10）锻工应具有丰富经验，方可操纵气锤，特别在做单下打击时，在操作技术上更需熟练。

（11）在停止使用时，应切断电源。

二、一般锻工的安全操作规程

（1）开动设备前，应检查操纵装置、接地装置、隔热装置、离合器、工具或锻件传送装置等是否完好、可靠，气压是否正常，一切正常后方可开锤。

（2）在检查、修理、调整时，应在锤头与型砧之间垫上结实的木块。

（3）冬季应预热锤头、锤杆和胎模，以防断裂伤人。

（4）工作中应经常检查设备和工具上受冲击力部位有无损伤、松动或裂纹，发现问题应及时修理。

（5）传送锻件时，不得投掷，不准横跨传送带或自动线递送工具或坯料。大锻件必须用钳夹牢，用行车吊运。

（6）锻工应听从掌钳者的指挥，指挥信号要明确，握钳把时，不得将手指放在两钳把之间，更不准将钳把对着身体，而应置于身体的侧面，以防造成事故。

（7）锤头未停前，头、手不得伸入锤下，不准用手直接清除氧化皮，也不得锻打冷料或过烧的坯料，以防飞出伤人。

（8）配合行车作业时，应站在安全位置，严禁在吊物下站立或通过。

（9）锻件应堆放在指定地方，且不得摆放超高，锻造工作区域及热锻件运送范围1m以内禁止堆放物品和站人。严禁将易燃、易爆物品放在加热炉或热锻件附近。

（10）工作完毕后，应平稳地放下锤头，关闭动力开关，整理现场，清除废料。

三、自由锻安全操作规程

（1）起动锻锤前应仔细检查各紧固连接部分的螺栓、螺母、销等有无松动或断裂，型砧、锤头、锤杆、斜楔等结合情况以及是否有裂纹，发现问题，及时解决，并检查润滑系统给油情况。

（2）空气锤的操纵手柄应放在空行位置，并将定位销插入，然后才能开动，并要空转3～5min。蒸气-空气自由锻锤在开动前应排除汽缸内冷凝水，工作前还要把排气阀全打开，再稍微打开进气阀，让蒸气通过气管系统使气阀预热后再把进气阀缓慢地打开，并使活塞上下空走几次。

（3）冬季要对锤杆、锤头与型砧进行预热，预热温度为100～150℃。

（4）锻锤开动后，要集中精力，按照钳工的指令，按规定的要求操作，并随时注意观察。如发现不规则噪声或缸盖漏气等不正常现象，应立即停机进行检修。

（5）操作中避免偏心锻造、空击或重击温度较低、较薄的坯料，随时清除下砧上的氧化皮，以免溅出伤人或损坏砧面。

（6）使用脚踏操纵机构，在测量工件尺寸或更换工具时，操作者应将脚离开脚踏板，以防误踏。

（7）工作完毕，应平稳放下锤头，关闭进、排气阀和电源，做好交接班工作。

四、模锻安全操作规程

（1）工作前检查各部分螺钉、销等紧固件，发现松动及时拧紧。在拧紧密封压紧盖的各个螺钉时，用力应均匀防止产生偏斜。

（2）锻模、锤头及锤杆下部要预热，尤其是冬季，不允许锻打低于终锻温度的锻件，严禁锻打冷料或空击模具。

（3）工作前要先提起锤头进行溜锤，判明操纵系统是否正常。如操作不灵活或连击，不易控制，应及时维修。

（4）在进行操作时，应注意检查模座的位置，发现偏斜应予以纠正，严禁用手伸入锤头下方取放锻件，也不得用手清除模膛内氧化皮等物。

（5）锻锤开动前，工作完毕或操作者暂时离开操作岗位时，应把锤头降到最低位置，并关闭蒸气，打开进气阀后，不准操作者离开操作岗位。还要随时注意检查蒸气或压缩空气的压力。

（6）检查设备或锻件时，应先停车，将气门关闭，采用专门的垫块来支撑锤头，并锁住启动手柄。

（7）装卸模具时不得猛击、振动，上模楔铁靠操作者方向，不得露出锤头燕尾100mm以外，以防锻打时折断伤人。

（8）工作中要始终保持工作场地整洁。工作结束后，在下模上放入平整垫铁，缓慢落下锤头，使上、下模之间保持一定空间，以便烘烤模具，做好交接班。

（9）同设备操作者必须相互配合一致，听从统一指挥。

安全知识链接

◆ 某公司锻造车间员工章某因违反电风扇操作规定，未切断电源，未等电风扇叶旋转停止后进行移动，致使左大拇指被电风扇叶击伤。

◆ 某厂职工蔡某在锻造车间上班时，由于工作不慎，导致头部被铁块击伤。

思考与练习

1. 锻造生产中易发生哪些伤害事故？
2. 空气锤使用时的安全注意事项有哪些？
3. 试述一般锻工的安全操作规程。
4. 试述自由锻的安全操作规程。
5. 试述模锻的安全操作规程。

第九章 智能制造安全生产知识

第一节 工业机器人应用安全生产知识

一、工业机器人应用易发生的危险

1. 设施失效或产生故障引起的危险

（1）安全保护设施的移动或拆卸，如隔栏、现场传感装置、光幕等的移动或拆卸而造成的危险；控制电路、器件或部件的拆卸而造成的危险。

（2）动力源或配电系统失效或故障，如掉电、突然短路、断路等。

（3）控制电路、装置或元器件失效或发生故障。

【案例9-1】机器人自启动引发的伤害事故

［事故经过］

某阀门加工厂的一名工人，正在调整停工状态的螺纹加工机器人时，机器人突然启动，抱住工人旋转起来，造成了悲剧。

［事故原因］

1）工人违章操作，未遵守工业机器人操作规程，未做好防护措施。

2）当机器人停止运动时，没有撤销机器人驱动器的动力，导致机器人突然启动。

2. 机械部件运动引起的危险

（1）机器人部件运动，如大臂回转，俯仰，小臂弯曲，手腕旋转等引起的挤压、撞击和夹住，以及夹住工件的脱落和抛射。

（2）与机器人系统的其他部件或工作区内其他设备相连部件运动引起的挤压、撞击和夹住，或工作台上夹具所夹持工件的脱落和抛射形成刺伤、扎伤，或末端执行器，如喷枪、高压水切割枪的喷射，以及焊接时熔渣的飞溅等。

【案例9-2】汽车工厂机器人失控引起的伤害事故

［事故经过］

一台“发狂”的机器人“错手”将某汽车工厂装配工“杀死”。据调查人员描述，事发当时该装配工在工厂六号厂房“100区”工作，不幸的是，其中一个机器人突然“发狂”，从一个区域走向另一区域，在装载完毕的地方仍试图再装一遍，胡乱挥舞手臂，击中了他的头部，使其当场死亡。

［事故原因］

1）工人进入机器人工作范围，导致被机器人运动部件损伤。

2）机器人工作不正常情况下，操作人员没有及时停止机器人工作，工作现场管理不到位。

3. 储能和动力源引起的危险

（1）在机器人系统或外围设备的运动部件中弹性元件能量的积累引起元件的损坏而形成的危险。

（2）在电力传输或流体的动力部件中形成的危险，如触电、静电、短路，液体或气体压力超过额定值而使运动部件加速、减速，形成意外伤害。

4. 恶劣环境引起的危险

（1）易燃、易爆环境，如应用机器人喷漆、搬运炸药。

（2）腐蚀或侵蚀，如接触各类酸、碱等腐蚀性液体。

（3）放射性环境，如在辐射环境中应用机器人进行各种作业，采用激光工具切割的作业。

（4）极高温或极低温环境，如在高温炉边进行搬运作业，由热辐射引起燃烧或烫伤。

【案例 9-3】误操作机器人引发的伤害事故

［事故经过］

2018 年 12 月 5 日，在某公司的配送仓库里，一个机器人“不小心”撕开了一罐 9 盎司（约 255g）的防熊喷雾剂，导致 50 多名员工暴露在浓缩辣椒素之下，其中 24 人被送医就诊，1 人情况比较严重。

5. 干扰产生的危险

（1）电磁、静电、射频干扰。由于电磁干扰、射频干扰和静电放电，机器人及其系统和周边设备产生误动作，意外启动或控制失效而形成的各种危险运动。

（2）振动、冲击。由于振动和冲击，机器人连接部分断裂、脱开，使设备破坏造成对人员的伤害。

【案例 9-4】高频电磁波干扰引起的伤害事故

［事故经过］

某年 2 月的一天，炒菜机器人将虾仁炒糊。当餐厅老板到厨房想查明原因时，机器人突然向老板打了一巴掌。后来查明，“打人”的机器人是受厨房附近的高频电磁波干扰才失手。

［事故原因］

1）机器人工作现场有电磁干扰，机器人产生误动作。

2）工作环境设计不够合理，需要改进。

6. 人因差错产生的危险

（1）设计、开发、制造（包括人类工效学考虑）差错。如在设计时，未考虑对人员的防护；末端夹持器没有足够的夹持力，容易滑脱夹持件；动力源和传输系统没有考虑动力消失或变化时的预防措施；控制系统没有采取有效的抗干扰措施；系统构成和设备布置时，设备间没有足够的间距；布置不合理等形成潜在的、无意识的启动和失控等。

（2）安装和试运行（包括通道、照明和噪声）差错。由于机器人系统及外围设备和安全装置安装不到位，或安装不牢固，或未安装过渡阶段的临时防护装置，形成试运行期间运动的随意性，造成对调试和示教人员的伤害；通道太窄，照明达不到要求，使人员遇见紧急事故时，不能安全迅速撤离，而对人员造成伤害。

（3）功能测试差错。机器人系统和外围设备包括安全器件及防护装置，在安装到位和可靠后，要进行各项功能的测试，但由于人员的误操作，或未及时检测各项安全及防护功能而使设备及系统在工作时造成故障和失效，从而对操作、编程和维修人员造成伤害。

【案例 9-5】安装和调试过程中引发的伤害事故

［事故经过］

某国汽车生产厂的一个机器人杀死了一名工作人员。事发时，这名工作人员正在安装和调试机器人，后者突然“出手”击中工作人员的胸部，并将其碾压在金属板上，这名工人当场死亡。这款机器人通常是在一个封闭区域工作的，负责抓取汽车零件并进行相关操纵。事发时，这名工作人员也在安全笼中，而他的同事站在笼外，没有受伤。

［事故原因］

1）工作人员违规进入机器人工作区域，造成机器人误操作。

2）企业对工作人员安全教育和培训不够，工作人员安全意识淡薄。

（4）应用和使用差错。未按制造厂商的使用说明书使用，而造成对人员或设备的损伤。

（5）编程和程序验证差错。当要求示教人员和程序验证人员在安全防护空间内进行工作时，要按照制造厂商的操作说明书的步骤进行。但由于示教或验证人员的疏忽而造成误动作、误操作，或安全防护空间内进入其他人员时，启动机器人运动而引起对人员的伤害，或按规定应采用低速示教，由于疏忽而采用高速造成对人员的伤害等，特别是系统中具有多台机器人时，在安全防护区内有数人进行示教和程序校验而造成对其他设备和人员伤害的危险。

（6）组装（包括工件搬运、夹持和切削加工）差错。这是应用和使用中产生危险的一种潜在因素，一般是由误操作或由工人与机器人系统相互干涉、人为差错造成的对设备和人员的伤害，如人工上、下料与机器人作业节拍不协调等。

（7）故障查找和维护差错。在查找故障和维修时，未按操作规程进行操作而产生对设备和人员的伤害。

（8）安全操作规程差错。规程内容不齐全，条款不具体，未规定对各类人员的培训等而引起潜在的危险。

7. 机器人系统或辅助部件的移动、搬运或更换而产生的潜在危险

由于机器人用途的变更或作业对象的变换，或机器人系统及其外围设备产生故障，经过修复、更换部件而使整个系统或部件重新设置、连接、安装等形成的对设备和人员伤害的潜在危险。

【案例 9-6】未关闭电源更换刀具引起的伤害事故

[事故经过]

某日，在某经济开发区的一家汽车零部件企业，一名企业员工在给自动化生产线上的搬运机器人更换刀具时，机器人突然启动，然后这位员工被机器人长长的手臂夹住了腰部。虽然没多久就把他救下来了，但是因伤势过重，送到医院后不治身亡。出问题的机器人属于工业搬运机器人，形状类似吊车，手臂粗壮，用途是抓举、搬运重物。员工换刀操作过程中，机器人的电源没有关闭。

[事故原因]

1）员工违反机器人操作规程，在换刀操作过程中，机器人的电源没有关闭。

2）企业对员工安全教育和培训不够，员工安全意识淡薄。

二、工业机器人应用安全操作规程

工业机器人系统复杂而且危险性大，操作时必须注意安全。无论任何时间进入工业机器人作业区都可能导致严重伤害，只有经过培训认证的人员才可以进入该区域。

1. 工业机器人安全守则

（1）万一发生火灾，请使用二氧化碳灭火器。

（2）急停按钮（E-Stop 键）不允许被短接。

（3）机器人处于自动模式时，不允许进入其运动所及的区域。

（4）在任何情况下，不要使用原始盘，请使用复制盘。

（5）搬运时，机器停止，机器人不应置物，应空机。

（6）在意外或不正常情况下，均可使用急停按钮，停止运行。在编程、测试及维修时必须注意，即使在低速时，机器人仍然是非常有力的，必须将机器人置于手动模式。

（7）气路系统中的压力可达 0.6MPa，任何相关检修都要断开气源。

（8）在不用移动机器人及运行程序时，须及时释放使能器（Enable Device）。

（9）调试人员进入机器人作业区时，须随身携带示教器，以防他人误操作。

（10）在得到停电通知时，要预先关掉机器人的主电源及气源。突然停电后，要赶在来电之前预先关闭机器人的主电源开关，并及时取下夹具上的工件。

（11）维修人员必须保管好机器人钥匙，严禁非授权人员在手动模式下进入机器人软件系统，随意翻阅或修改程序及参数。

2. 操作人员安全操作要求

（1）操作人员必须熟悉并掌握设备上各种警示标识和警示符号的内容及准确位置，并保证各种警示标识和警示符号的完整清晰。在打开和起动设备前，确保所有安全装置及相关附件正常且无人在设备起动的危险位置。

（2）操作者在生产作业时，应确保各启动装置正常，不能随意启动。

（3）机器人及输送机周围区域必须清洁，无油、水、物料及杂质等。地面有散落的物料时，必须马上清理，防止操作人员因踏在物料上导致摔伤或摔到转动设备内。

（4）装卸工件前，先将机械手运动至安全位置，严禁在装卸工件过程中操作机器。

（5）操作人员不要戴手套操作示教盘和操作盘。示教器和线缆不能放置在变位机上，应随手携带或挂在操作位置。

（6）如需手动控制机器人时，应确保机器人动作范围内无任何人员或障碍物，将速度由慢到快逐渐调整，避免速度突变造成伤害或损失。

（7）设备运行中，操作人员不得在设备附近休息。发现设备运转异常，及时报告当班运行主任，由运行主任联系相关人员检查处理。在紧急情况下，应按有关规程采取果断措施或立即按下急停按钮。

（8）机器人运动时，动作速度较快，存在危险性，工作人员及非工作人员禁止进入机械手转动区域。如有紧急情况发生，需按下急停按钮，停止机器人运行后，方可进入作业范围。

（9）在机器人运行过程中，严禁操作者离开现场，如需离开现场时，应做好交接工作，以确保意外情况的及时处理。因故离开设备作业区域前应按下急停按钮，避免突然断电或者关机零位丢失，并将示教器放置在安全位置。

（10）当机器人停止工作时，不要认为其已经完成工作了，因为机器人很可能是在等待让它继续移动的信号输入。

（11）工作结束时，应使机械手置于零位位置或安全位置并断电。

3. 工业机器人系统的安全防护装置

机器人系统的安全防护可采用以下一种或多种安全防护装置。

（1）固定式或联锁式防护装置。

（2）双手控制装置、使能装置、握持运行装置、自动停机装置、限位装置等。图 9-1 为双手启动按钮。

（3）现场传感安全防护装置（PSSD），如安全光幕或光屏、安全垫系统、区域扫描安全系统、单路或多路光束等。图 9-2 所示为安全光幕。

图 9-1　双手启动按钮

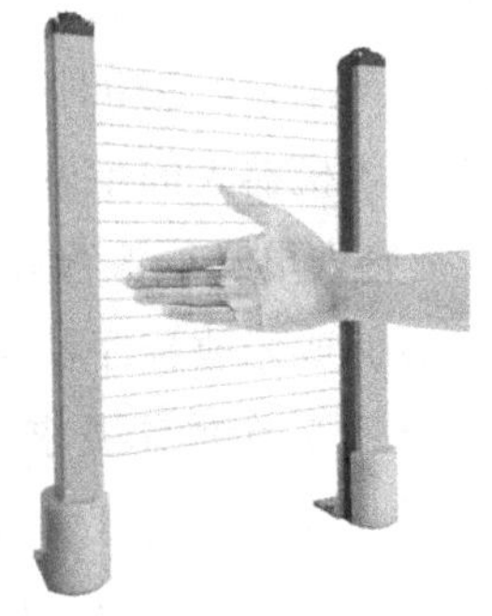

图 9-2　安全光幕

(4) 警示措施。在机器人系统中，为了引起人们注意潜在危险的存在，应采取警示措施。警示措施包括栅栏或信号器件。

1）警示栅栏。为了防止人员意外进入机器人限定空间，应设置警示栅栏。一般应考虑当机器人在作业过程中，所有人员身体的各部分应不能接触到机器人运动部件和末端执行器或工件的运动范围。图9-3所示为机器人安全护栏。

图9-3　机器人安全护栏

2）警示信号。为了给接近或处于危险中的人员提供可识别的视听信号，应设置和安装信号警示装置。

事故调查报告（八）：违规进入机器人作业区，操作员被机械臂击倒

某日凌晨5时29分，某冶炼厂熔铸工序307班锌锭码垛作业线发生一起机械伤害事故。机械臂主操手金某在自动码锭机作业区域进行场地卫生清扫时被机械臂击中，经抢救无效死亡。死者金某，男，某冶炼厂熔铸工序307班锌锭码垛作业线机械臂主操手（小组长）。

[事故发生经过及事故救援情况]

某日凌晨5时29分，某冶炼厂熔铸工序307班锌锭码垛作业线机械臂主操手（小组长）金某在自动码锭机组未停机情况下，从未关闭的隔离栏安全门进入自动码锭机作业区域，在机械臂作业半径内进行场地卫生清扫。

5时30分，金某行走至码锭机取锭位置与机械臂区间时，因顶锭装置接收到水冷链条传输过来的锌锭，信号传输至机械臂，机械臂自动旋转取锭，瞬间将金某推倒在顶锭装置上，锌锭抓取夹具挤压在金某左部胸腔。

锌锭打包工张某立即按下急停按钮，并呼叫附近人员一起实施救援，副厂长王某听到呼叫声，立即赶到现场参与救援。王某、张某等人手动控制将顶锭装置降落复位，并将金某身下压覆的锌锭取出，增大活动空间，但仍无法救出，后使用撬棍抬升机械臂等方式，均未能将金某救出。

熔铸工序 307 班班长杨某赶到现场后，组织人员拆卸机械臂地脚螺栓，用电动单梁吊吊起机械臂，于 5 时 48 分将金某救出，6 时 05 分 120 救护人员赶到现场实施抢救，后送往某县第二人民医院，金某经抢救无效死亡。

［事故原因］

1. 直接原因

金某安全意识淡薄，违反机械臂操作工的安全操作规程。金某违反了某有限公司《机械臂安全环保技术操作规范》中“严禁在机械臂作业时进入作业区域空间”，以及“机械臂断电后，操作人员方可进入作业半径内”的规定，违章进入自动码锭机机械臂作业半径区域进行清扫作业，导致事故发生。

2. 间接原因

1）某公司未建立、健全生产安全事故隐患排查治理制度，未采取技术、管理措施，未及时发现并消除事故隐患，安全防护设施不完善，隔离栏安全门与机械臂未有效联锁。

2）某公司的主要负责人未履行法定的安全生产管理职责，未督促、检查本单位的安全生产工作，未及时消除生产安全事故隐患。对职工关于《机械臂安全环保技术操作规范》《机械臂技术规范》教育培训不到位，未组织有针对性的复岗培训考试，培训质量不高，员工安全风险防范意识不强。

3）现场人员未能清晰掌握机械臂手臂发生人员困住的解救措施，应急处置能力不足。

［事故责任认定及处理建议］

1）金某安全意识淡薄，违反机器人操作工的安全操作规程。在自动码锭机组未停机情况下，从未关闭的隔离栏安全门进入自动码锭机作业区域，在工业机器人机械臂作业半径内进行场地卫生清扫，被机械臂击中，是发生本次事故的直接原因，应负直接责任。因其在本次事故中死亡，故不予追究。

2）某公司未督促从业人员严格执行本单位的安全生产规章制度和安全操作规程，安全防护设施不完善，隔离栏安全门与机械臂未有效联锁。其行为违反了《中华人民共和国安全生产法》有关规定，对本次事故的发生负有责任，建议相关部门依据相关法律法规对其实施行政处罚。

3）某公司的主要负责人未履行法定的安全生产管理职责，未督促、检查本单位的安全生产工作，未及时消除生产安全事故隐患。其行为违反了《中华人民共和国安全生产法》有关规定，对本次事故的发生负有责任，建议相关部门依据相关法律法规对其实施行政处罚。

［对策措施］

1）加强对职工关于《机械臂安全环保技术操作规范》《机械臂技术规范》的教育培训，提高员工安全风险防范意识。

2）完善安全防护设施，将隔离栏安全门与机械臂进行有效联锁。

第二节　自动化生产线的安全生产知识

一、自动化生产线易发生的危险

为确保自动化生产线的正常运行，制订了安全、规范的技术和管理制度。由于对自动化生产线的操作不规范、日常维护不到位，以及巡检工作不到位而引发的伤害事故时有发生。

1. 自动化生产线的操作人员操作不规范引发的危险

（1）未按照要求规范使用生产线。在设计生产线时就确定了其使用条件，比如额定电压、最高转速、使用温度及安装条件。然而未按照生产线的要求规范使用，势必会引发危险，造成损失。

（2）未按照规定操作流程操作生产线引发的危险。比如在未接收指令时随意开动或关停机器，开关未锁紧，造成机器意外通电、转动，将手伸入生产线工作区，在带料、工件处跨越行走等。

【案例 9-7】装配工未按指示操作引起的伤害事故

[事故经过]

某船舶工程公司某班组的 4 名装配工在分段车间进行流水线的肋板与底板的定位。装配工郭某在未经许可且无人旁观指挥的情况下，擅自开动流水线，致使流水线上某分段移动，压住正在作业的李某的背部。李某被挤压在分段和流水线滚轴之间，当场死亡。

（3）安全装置失效引发的危险。比如在维修设备过程中需拆除安全装置，维修结束后未及时将安全装置恢复原位。

【案例 9-8】未及时安装防护罩引起的伤害事故

[事故经过]

某板业集团有限公司 2 号彩涂工艺流水线当班班长李某发现初涂室的底漆涂辊外胶层磨损起泡，就和当班初涂操作工张某一起更换了底漆涂辊。两人在更换过程中把联轴器上的防护罩卸下，放在了初涂室的北侧。更换完底漆涂辊后，李某和张某没有把防护罩重新安装在联轴器上就开始生产了。交接班时，张某只告诉接班的初涂操作工马某更换了底漆涂辊，未告知其没有安装防护罩。一个小时后，马某发现涂机上的挡漆板倾斜了。在马某准备用手扶正挡漆板时，其衣服被卷进联轴器，身体失控后导致马某被联轴器挤压。

（4）对运转的生产线进行润滑、修理、检查、调整、焊接、清扫等工作而引发的危险。

【案例 9-9】设备未停机时检查生产线引起的伤害事故

[事故经过]

某纸业有限公司第二条箱版纸生产线复卷机发生卷纸移位，辅工陆某发现纸辊轴定位套固定螺钉松动，在复卷机正常运转的情况下，违规使用活扳手紧固纸辊轴定位套固定螺钉。纸辊轴定位套转动将活扳手甩出而击中其头部，陆某经抢救无效死亡。

（5）未按规定穿戴劳动防护用品引发的危险。比如未戴护目镜或面罩，未穿安全鞋，未戴安全帽等。

（6）佩戴不安全装束。比如在旋转设备旁边作业穿过肥大服装，操作旋转设备时佩戴手套等。

（7）在操作过程中用手代替工具引发的危险。比如用手清除生产线上的杂物等。

（8）工具、量具、工件未按照规定位置摆放引发的危险。工具、量具等随意摆放，导致通道或传送带堵塞，引起生产线运行故障。

（9）未实时关注生产线运行状况引发的危险。比如当生产线的供料出现卡料或重叠料的现象时，未及时发现并修整。未对生产的产品定时抽检，导致产品不合格，造成经济损失等。

2. 对自动化生产线的日常维护不到位引发的危险

（1）忽视对生产线的日常保养。比如未及时清理生产线，未及时加注润滑油或加注过量润滑油等，加快生产线机械零部件的磨损，缩短生产线的寿命，增加安全事故的发生概率。

（2）未建立完善的生产线配件库。对于频繁运转、损坏概率较高的部件保养不到位，使其磨损日趋严重。当故障率较低的配件发生故障需更换时，却因没有配件更换，继续使用原配件而导致的危险。

（3）管理人员不具备相关的专业能力，导致其不能及时发现生产线存在的安全隐患。

3. 自动化生产线的安全管理不到位引发的危险

（1）巡检内容不全面引发的危险。在巡检中巡检人员主观上认为只要生产线运行正常，重要设备不发生故障，装置就无大碍，导致次要设备的小隐患不能被及时发现并处理，使小隐患的危险性扩大。

（2）重视巡检形式，忽视巡检质量，未做到有效巡检。比如巡检人员未向操作人员了解详细信息，巡检时漏点检等原因增加生产线因发生故障而停机的概率。

（3）忽视巡检工作的重要性，因减少巡检频次而引发的危险。

（4）忽视巡检中的安全引发的危险。比如巡检人员在生产线工作区未按照规定佩戴劳动防护用品且站在危险区域中巡检，巡检中乱摸乱碰引起误操作，未悬挂巡检牌等。

【案例 9-10】巡检中忽视安全引起的伤害事故

[事故经过]

某公司要求对 CO_2 外管振动及止逆阀移位情况进行整改，操作工刘某到 2 号机五段出口处巡检测温时，脚踩空坠落至一楼，送医院检查肩胛骨骨裂。

（5）对生产线的漏点和安全隐患熟视无睹。比如未及时上报生产线的安全隐患，导致安全隐患一直存在，问题处理不及时。

【案例 9-11】发现安全隐患未及时上报处理引起的伤害事故

［事故经过］

某日，某水泥股份有限公司的张某和曹某值班。张某在控制室工作。曹某去原料皮带机尾处清理积料，发现原料皮带机尾处地面有积水会有危险，直接过去会被皮带卷入，于是停止清理返回控制室。当曹某回到控制室后，将清理积料时发现的危险情况向张某进行了汇报，并建议张某不要再到原料皮带机尾处清理积料。随后，曹某坐在椅子上合眼休息。张某在控制室发现有积料，于是离开了控制室到原料皮带机尾继续清理积料，不慎被皮带卷入，经抢救无效死亡。

（6）交接班工作未做好对接引起的危险。生产线操作人员更迭较为频繁，在交接工作方面出现疏漏，可能会导致对生产线的管理出现纰漏。

二、自动化生产线的安全操作规程

为了避免伤害，在操作自动化生产线时，必须按照规范安全操作。

1. 自动化生产线现场操作人员的安全操作要求

（1）操作过程中必须严格按照规定操作，时刻关注生产线的运行情况，严禁与他人闲谈，禁止酒后或精神疲劳时上岗操作。禁止二人以上同时操作，若需要时，则必须有专人指挥并负责控制开关的操作。

（2）操作过程中必须坚守岗位，若必须离岗，则主动使设备停止运行，拔掉压力机开机钥匙，不许擅自找人替代操作。

（3）在生产线运行过程中，任何人不允许接触带料运行部件，不允许将手伸入生产线工作区，不许在带料、工件处跨越行走。

（4）在生产线运行期间，一旦发现生产线运转异常（转速不正常、皮带/链条/齿轮部位有异物、转动部件松动、操作装置失灵、模具松动或缺损）或有异常声响（如连击声、爆裂声）时，必须按下急停按钮关停生产线，并关闭电源，通知设备维修员维修，并及时在《设备运行日记表》记录相关内容。

（5）生产所需的工具、量具及周转箱必须严格按照要求摆放，不得随意摆放，不得堵塞通道。

（6）工作完毕后应关闭总电源，清除边角料，整理、清洁生产线，工具、物件放置整齐，通道畅通，做好安全文明生产。

2. 自动化生产线日常维护要求

自动化生产线长期处于工作状态，需要正确的日常维护以延长生产线的寿命，保持生产能力，减少设备故障。生产线的日常维护的主要内容如下：

（1）保持生产线工作台的清洁、整齐，将清扫变检查，发现生产线潜在的缺陷，便于及时处理。

（2）按生产线的要求，定期加油润滑，确保润滑系统良好。

（3）及时紧固松动的紧固件，调整活动部分的间隙。

（4）关注容易磨损的零件，注意及时更换。

（5）测量和检验生产线的工作精度，全面掌握设备的技术状况和磨损情况，及时查明并消除隐患。

3. 自动化生产线工作交接要求

一般情况，自动化生产线全天处于工作状态，这就要求操作人员需要采用轮班制。操作人员需要交接工作，如果交接不到位可能会引起损失或伤害。交接班的工作过程要求如下：

（1）交接班人员要提前做好交接准备，提前 10min 上岗将交接内容和存在的问题认真记入运行记录和交接班记录中。图 9-4 所示为运行巡检交接班记录展板。

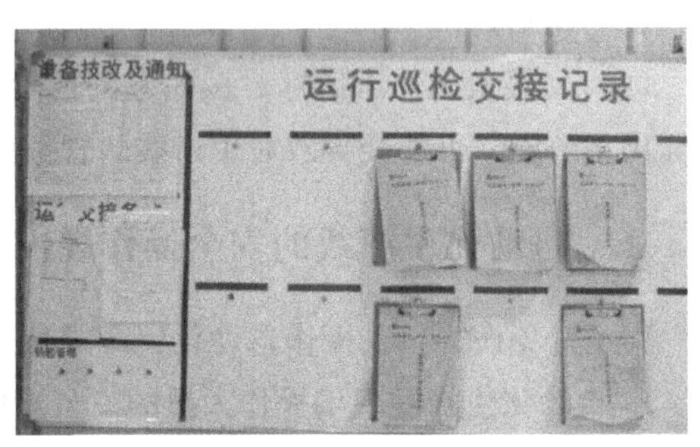

图 9-4　运行巡检交接班记录展板

（2）交接班应坚持做到“三不交接”：资料数据记录不全不交接；特殊工种岗位不交给无证上岗者及劳动保护用品穿戴不全者；有正在处理的事故或故障不交接，正在处理的事故或故障须继续完成。

（3）交接班时要认真，对交接班人发现的问题要及时进行整改，问题未处理完不能离岗，接班者验收合格后，双方在记录本上签字确认。

（4）交接班时必须交代本班生产过程中发生的大小事故及安全隐患。

（5）交接班时必须检查设备的保护设施是否有异常情况。

（6）交接班时要实时关注生产线的运行状态，避免在生产线的管理上出现纰漏。

4. 自动化生产线安全管理要求

生产线正向着高度自动化的方向发展，一旦发生故障就会全面停产，将给企业造成重大经济损失。因此，必须对生产线展开三个层次的巡检，保证巡检工作全面到位，不给设备隐患留任何机会。第一层为保全巡检，每个运行班巡检两次以上并做好详尽记录，及时将发现的设备问题交给点检主管。第二层为点检主管专业点检，每天点检一次以上，重点点检关键设备，结合保全巡检和工艺巡检的情况对设备的状态进行分析。第三层为每周专业技术主管的精密点检，并对比上述两层点检的情况，对设备进行状态综合评估，提交精密点检周报。

自动化生产线的巡检要求如下。

（1）严格保全人员，必须由班长带头进行巡检，要求至少有两人组队进行，不得一人一片。每班保证 2 ~ 3 次全面巡检。

（2）巡检时，必须带好相关检测工具，不得空手巡检。巡检中，认真填写巡检记录，不得伪造。

（3）巡检的内容必须按照生产部设备巡检关键点进行，不得走马观花。

主要的巡检内容包括以下几点：

1）设备在外观方面的故障征兆。

① 异常响声、异常振动。设备在运转过程中出现的非正常声响，设备运转过程中振动剧烈，是设备故障的“报警器”。

② 跑冒滴漏。设备的润滑油、齿轮油、动力转向系油液、制动液等出现渗漏；压缩空气等出现渗漏现象，有时可以明显地听到漏气的声音；循环冷却水等渗漏。

③ 特殊气味。电动机过热、润滑油窜缸燃烧时，会发散发出一种特殊的气味；电路短路、导线等绝缘材料烧毁时会有焦糊味；橡胶等材料燃烧时发出烧焦味。

2）设备在性能方面的故障征兆。

① 功能异常。设备的工作状况突然出现不正常现象，比如设备启动困难、启动慢，甚至不能启动；设备突然自动停机；设备在运转过程中功率不足、速率降低、生产率降低；设备运转过程中突然紧急制动失灵、失效等。这种故障的征兆比较明显，因此容易察觉。

② 过热高温。一种原因是冷却系统有问题，缺少冷却液或冷却泵不工作。如果是齿轮、轴承等部位过热，多半是因为缺少润滑油所导致。设备过热现象可以通过巡检时用红外线测温仪反映出来。

③ 油、气消耗过量。润滑油、冷却水消耗过多，表明设备有些部位技术状况恶化，有出现故障的可能；压缩气体的压力不正常等。

④ 润滑油出现异常。如果润滑油很快变质，则可能与温度过高等有关系。润滑油中金属颗粒较多，一般与轴承等摩擦量有关，可能需要更换轴承等磨损件。

思考与练习

1. 工业机器人系统的安全防护装置有哪些？
2. 自动化生产线设备在外观方面的故障征兆有哪些？
3. 自动化生产线设备在性能方面的故障征兆有哪些？

附　　录

附录 A　安全警句

1. 四字安全警句

十起事故，九起违章。安全第一，人人牢记。

一人违章，众人遭殃。注重预防，隐患难藏。

2. 五字安全警句

安全靠自己，行为要规范。警惕安全在，麻痹事故来。隐患不消除，事故注定出。

3. 七字安全警句

安全规程是真经，“规章制度”严执行。事故教训是镜子，安全经验是明灯。黄泉路上无老少，屡屡违章先报到。安全警钟天天敲，生命安全非玩笑。

4. 八字安全警句

十起事故九起违章，违章是事故的预兆。安全规程字字是血，严格执行句句是歌。

5. 操作“十忌”歌

一忌盲目操作，不懂装懂；二忌马虎操作，粗心大意；三忌急速操作，忙中出错；四忌忙乱操作，顾此失彼；五忌自顾操作，不顾相关；六忌心慈手软，扩大事端；七忌程序不清，次序颠倒；八忌单一操作，监护不力；九忌有章不循，胡干蛮干；十忌不分主次，轻重缓急。

6. 多字安全警句

愚者用鲜血换取教训，智者用教育避免流血。

聪明人把安全寄托在遵章上，糊涂人把安全依赖在侥幸上。

违章作业就如听从死神的指挥，违章作业等于敲响死亡的大门。

附录 B　使用车床安全歌

一、初学车床安全歌

满怀豪情进工场，认认真真学车床。短期速成初级工，练就技艺可上岗。

农民始终惜土地，工人应该爱机器。自用机床保养好，实习考试均顺利。
一种职业一个岗，行行业业有规章。学习技术保安全，以下规则记心上。
上班走到机床旁，各部加油切莫忘。慢速运转二三分，检查机床应正常。
工件安装要夹紧，钥匙随落记在心。车刀角度摆正确，刀装高低需标准。
先开机床后进刀，钨钢才能不嘣掉。车刀退出再停机，刀头不会被轧牢。
车削工件要小心，卡盘对面不站人。操作工人侧面立，以防铁屑烫面门。
有时停电很突然，进给车刀急退出。要想休息莫忘记，首先切断总电源。
发现车刀积屑瘤，停机取屑要用钩。不能见屑随时抓，一抓容易吃苦头。
工场实习要遵章，赤膊拖鞋不进场。头发长的要戴帽，手套不能上机床。
初学车床心好奇，安全第一勿忘记。开合螺母不能合，一合马上出问题。
工件加工要记牢，尺寸学会试车削。游标卡与千分尺，二者合用精度高。
作为一名车床工，衣服袖口要系好。聚精会神车工件，遇事停机再走动。
工件旋转手莫碰，毛巾棉纱且莫用。头离工件不能近，以防铁屑飞眼中。
车工工艺先看懂，按照工艺精加工。精密量具不活量，换刀变速机不动。
一台机床一个岗，离开机床即离岗。未经请假离岗位，老师批评理应当。
工具量具摆整齐，油壶毛巾放在边。工具箱里存量具，贵重量具保安全。
一听下课哨声响，放妥工具擦机床。关好电源加机油，拖板摇至尾座旁。

二、车削螺纹安全歌

机械制造行业中，螺纹工件世界通，传递动力与连接，测量工具均需用。
初学阶段车螺纹，装夹工件要认真，夹持部位长为妥，割槽较宽刀不嘣。
若要螺纹车得好，刀的角度要正确，左右螺纹螺旋对，刀尖两侧精度高。
螺纹外径车正确，螺纹车刀要对好，工件外圆三爪面，选之方便可对刀。
螺纹类型若干种，各类角度均不同，齿轮挂对丝杆转，慢速车削记心中。
螺纹螺距要正确，必须学会试车削，首刀最多十几丝，螺距不对应重调。
螺纹外径要车小，中径尺寸要确保，底径要求车到位，两侧要求精度高。
开合螺母车螺纹，只有合紧才进刀，半开半合不到位，车出螺丝乱糟糟。
车刀进至螺纹边，发现过多转一圈，立即退刀不迟疑，重转刻度车进去。
螺纹深度车一半，若刀损坏需刃磨，刀磨好后装正确，对刀试刀莫疏忽。
螺纹将要车成形，看清两侧是否行，慢速少进走几刀，测量工具检查准。
测量工具好几种，简单配合螺母用，批量螺纹止通规，考工应用千分尺。

三、磨刀安全歌

磨刀练习要认真，选定靠山免伤痕，两手分开刀抓稳，左右移动力均衡。
砂轮类型若干种，白绿灰色还有红，绿色砂轮磨钨钢，白灰颜色普钢用。

练习磨刀要小心，头部不能对砂轮，最好有个斜角度，避免轮碎打脑门。
练习磨刀要耐心，普钢白钢可水浸，钨钢淬水要碎裂，不能互混且谨慎。
手拿车刀想仔细，面刃倒棱成一体，主副后面下磨上，刃口磨至火花现。
一半手艺一半刀，艺懂刀精车工好，只要认真多实践，技艺定能大提高。

附录 C 学生实习安全守则

一、学生实习行为规范

（1）实训、实习是职校学生教学大纲中规定的重要组成部分，均属必修课，每个学生都应认真参加，获得及格以上（含及格）成绩方准毕业。因故不能参加实习，应随下一届学生补加实习环节，补实习所需费用自理。

（2）每个学生必须参加实习前的操作规程及安全方面的各项教育活动，要认真学习实习指导书和本细则内容，了解实习计划和具体安排，明确实习的目的和要求。

（3）每个学生应将实习内容逐日记录在实习手册上（包括生产流程，典型零件的工艺过程，技术报告内容，本人的心得体会等），认真积累资料并写出实习实训报告。实习报告是实习成绩考核评分的重要依据之一，凡未按规定完成实习报告或实习报告撰写不规范者，应补做完成或重做，否则不准参加实习成绩的考核。

（4）要刻苦学习专业知识和技能，尊重指导教师的劳动成果，主动接受指导教师、专业技术人员的指导，虚心求教，做到三勤（口勤、手勤、腿勤）随时总结自己，提高实习成绩和实习效果，努力掌握专业操作技术。

（5）严格遵守学校的各项规章制度和实习环节的有关规定，服从学校的安排。

1）严格遵守实习的各项规章制度，严格执行学校规定的实习作息时间，不准迟到、早退，无故不得请假中途外出。

2）实习中认真听讲，善于思考，谨慎操作，完成规定的实习作业（如零件加工等）和课后作业（实习报告）。

3）进入实习车间必须注意安全，必须穿戴规定的劳防用品，着装必须符合生产实习着装规范：如系全纽扣，扎好袖口，不得戴围巾，长头发女生必须将头发套入工作帽内等。

4）上岗操作必须严格遵守操作规程，思想要高度集中，未经允许不得擅自起动机器设备，保证实习安全，杜绝事故发生。

5）自觉爱护实习设施、设备，注意节约消耗品，如果违章操作，损坏实习设备，根据情节及后果要照价赔偿。

6）实习时不准聊天，看小说，绝不允许打闹和串岗，由此而发生事故的要追究责任。

7）不准把校外人员或其他非实习人员带入实习场地，不准让外来人员动用实习设施和设备。

(6) 正确使用和保养游标卡尺、千分尺、高度尺、万能游标量角器、百分表和划线平板等精密量器具，注意轻拿轻放，防锈蚀、防损伤，保证测量精度。

(7) 每天下班前，必须收拾整理所用设备和工量具，保持车间整齐卫生。各工种实习结束均应进行设备工具的清点，由指导教师验收合格后方可离开。

二、学生实习考勤制度

(1) 学生实习必须遵守实训车间上下班考勤制度，遵守实习纪律，不得迟到，早退或无故不参加实习。

(2) 学生实习期间不准会客，不准请事假，如有特殊情况，必须经实习指导教师批准。学生请病假，必须持医生证明。

(3) 学生请假批准手续和规定：两小时以内必须经指导教师批准；一天以内必须经班主任批准，一天以上必须经班主任及学部主任批准。请假必须由本人填写请假条，批准人签字，否则按旷课论处。

(4) 学生缺席实训时间不得超过总实习时间的三分之一，否则将不能参加实训考核。

(5) 实习指导教师负责学生的考勤，做好考勤记录，作为考核实习成绩依据之一。

三、实训基地安全制度

(1) 实习车间必须遵守学校的各项安全规章制度，实习教学要接受教务处和学部等主管部门的指导、监督、检查。

(2) 非实习基地人员未经许可不得进入实习车间。

(3) 实习必须在指导教师指导下按操作规程进行。具有危险的工种必须先拟定安全防护措施，并要有指导教师在场指导保护，否则不得进行实习。

(4) 学生实习时因不听教师指导或违反操作规程而造成事故者应追究责任，严肃处理。

(5) 未经实验教师的许可，不准乱用实习基地的一切仪器设备。

(6) 实习基地严禁私自乱拉电线、乱接电源。实习、实验中需用明火的，应按规定使用。

(7) 实习结束后，指导教师要清查仪器设备、工具，并检查门窗、电源、水源、气源关断后才能离岗。

(8) 指导教师要定期会同后勤人员对实习基地的安全设备和措施进行检查，发现问题及时解决。

(9) 仪器设备概不外借。如有特殊情况，须经学部主管负责人同意，办理借用登记手续后，才能借出。归还时应认真验收，如有损坏按规定赔偿。

(10) 发生事故时应立即切断电源、水源、气源并采取妥善的应急措施，并保护好现场，立即报告上级主管部门。

(11) 对违反安全制度而造成事故给学校造成损失者，按情节轻重给予处理。

四、劳动安全事故处理方法

（1）表皮划破，清创后擦涂红药水或护创膏，若创面大且肌肉开裂，则送医院缝合。

（2）若玻璃碎末或铁屑扎伤，且伤度较深，应送医院检查，清伤，谨防肌肉含残留物，造成严重后果。若为铁钉刺破扎伤，不应简单清创敷药，还应送医院打破伤风针。

（3）若眼睛刺伤或溅入铁屑，不应揉擦，急送医院检查救治。

（4）若高处坠地头部着地，头晕伴呕吐，急送医院检查救治。

（5）若遇学生触电，勿以手去拉开，应取绝缘物体，将触电者拔离带电物体，同时查找电源开关，切断电源。

（6）若断指断臂，急扎受伤处上部肢体止血，捡拾断指断臂，清洗后浸入生理盐水，切不可浸入酒精或消毒液中，随人急送医院救治再植。

（7）若手指轧入车床，应紧急关车制动，而不要强行拉出。

（8）重大事故及时通知事故学生家长到医院，参与救治意见。

附录 D　综合练习及答案

一、填空题

1. 十起事故九起（　　），（　　）是事故的预兆。

2. 安全（　　），预防为主。

3. 车间内的电气设备，不得随便（　　）。如果移动电风扇、照明灯和电焊机等非固定安装的电气设备时必须（　　）；如果电气设备出故障，不得（　　），应请（　　）进行修理，更不能带故障运行。

4. 发生电气火灾时，应立即（　　），用干粉、二氧化碳、四氯化碳等灭火器材灭火，切不可用（　　）灭火。

5. 机床使用完毕或停电时，必须先（　　）。

6. 修理机械、电气设备前，必须在电源开关处挂上（　　）的警示牌。

7. 工作时应穿（　　），戴（　　），头发应套入工作帽内。

8. 机床正在切削时，头不能离（　　）太近，以防切屑飞溅伤人，最好戴上护目镜。

9. 工件、刀具和夹具必须（　　），否则会飞出伤人。

10. 机床停止前，不准接触运动（　　）和传动部件。

11. 不能用手直接清除切屑，应使用专用的（　　）清除。

12. 不准在机床运转时（　　），因故要离去必须先停车，并切断电源。

13. 不要任意装拆（　　）。

14. 装夹工件要（　　），夹紧时可用（　　），禁止用锤子敲打，并应及时取下扳手，滑丝的卡爪应停止使用。

15. 车刀要夹（　　），背吃刀量不能超过设备本身的负荷，刀头伸出部分不要超出刀体高度的（　　）。

16. 车削细长工件时，一般使用（　　）安装工件。

17. 安装外圆车刀时，刀尖一般应与车床中心（　　）。

18. 操作者要穿紧身（　　），袖口扣紧，长发要戴防护帽，操作时不能（　　），切削工件和磨刀时必须戴（　　）。

19. 加工长棒料时，床头后面伸出车床部分要用（　　），并且架防护栏杆，将旋转着的棒料与人隔离。

20. 工作场地应保持（　　），工件存放要（　　），不能堆放过高，铁屑应用钩子及时清除，严禁用手拉。

21. 严禁（　　）工件进行钻削。

22. 钻孔时钻头要（　　）接近工件，用力均匀适当，钻孔快穿时，不要（　　），以免工件转动或钻头折断伤人。

23. 严禁戴（　　）操作，钻出的铁屑不能用手（　　）、口（　　），须用刷子及其他工具清扫。

24. 钻头、钻夹脱落时，必须（　　）才能重新安装。开机后不准用手摸（　　）、（　　）等。

25. 工件夹紧要（　　），工作中不能让工件（　　）。

26. 铣削中不要用手清除（　　），也不要用嘴吹，以防切屑损伤皮肤和眼睛。

27. 修理机床前必须关掉机床（　　）。

28. 机床运转时，禁止（　　）工件、（　　）刀具、测量检查工件和清除切屑。

29. 对砂轮进行全面检查，发现砂轮质量、硬度和外观有裂纹等缺陷时（　　）。

30. 砂轮正面（　　），操作者应站在砂轮的（　　）。

31. 未安装调试的砂轮不准（　　）。

32. 磨削过程中禁止用手（　　）工件的加工面。

33. 砂轮未退离工件时，不得停止（　　）。

34. 在数控车削过程中，不允许打开机床（　　）。

35. 数控车床运转中，操作者不得离开（　　）。

36. 启动程序时，可将右手轻放在急停按钮上，程序在运行当中手不能离开（　　），如有紧急情况立即按下急停按钮。

37. 数控铣削前须穿好（　　）、安全鞋，戴好工作帽及防护镜，不允许（　　）操作机床。

38. 不得擅自（　　）机床参数和系统文件。

39. “三 E”安全对策，即（　　）、（　　）、（　　）三项安全对策。

40. 冲压设备目前常用的安全防护装置有（　　）装置、（　　）装置和（　　）装置等。

41. 冲压操作时必须（　　），不与旁边人谈话，以免分散注意力而发生事故。

42. 对任何产品，特别是放短料时，应使用（　　）夹送，不得将手伸入（　　），条料冲到端头，应调转再冲。

43. 在工作中发现安全保险装置失灵，滑块意外地冲下等非正常情况时，都要立即（　　）。

44. 安装模具时，必须（　　），先装（　　）再装（　　）。

45. 正确使用冲压设备上（　　），不得任意改动。

46. 冲床在工作前应先（　　），检查脚闸等控制装置，确认正常后方可使用，不得带病运转。

47. 每冲完一个工件，手或脚必须离开（　　），以防误操作，严禁压住按钮或踏板使电路常开。

48. 在设备运转时或未停电时，禁止将手伸入剪切机内（　　）。

49. 两人或两人以上共同操作时，应定人开车，（　　），注意（　　），负责踏闸者，必须注意送料人的动作。

50. 工作时发现（　　），（　　）异常，产品发生质量缺陷情况，应立即停机修理。

51. 锯条要（　　），（　　），过松或过紧都容易使锯条折断伤人。

52. 公用砂轮机要有（　　），经常检查，以保证正常运转。

53. 安装砂轮时，必须认真（　　），发现砂轮有裂纹或有破损，不准使用。

54. 磨削时，不能用力过猛，不准（　　）。（　　）两人同时在同一块砂轮上使用。

55. 使用照明灯应采用（　　）。

56. 为防止焊工受到电击等的伤害，焊工宜穿（　　），戴（　　），脚上垫绝缘板等。

57. 储放易燃易爆物品的容器未经清洗（　　）。

58. 焊接处 10m 以内不得有（　　），工作点通道宽度应大于 10m。

59. 电焊工未经（　　）考试合格，领取操作证，不能焊割。

60. 移动电焊机时，必须先（　　）；焊接中突然停电，应立即（　　）电焊机。

二、判断题

1. 职工在生产过程中因违反安全操作规程发生伤亡事故，不属工伤事故。（　　）

2. 在工作时间和工作场所内，因履行工作职责，受到暴力等意外伤害应认定为工伤。（　　）

3. 工伤保险与商业保险公司的人身意外伤害保险有根本的区别。（　　）

4. 生产、经营、储存、使用危险物品的车间、商店、仓库可以和员工宿舍在同一座建筑物内，但应当保持一定的安全距离。（　　）

5. 企业未对从业人员进行安全生产教育培训，从业人员不了解规章制度，因而发生重大伤亡事故的，行为人不应负法律责任，应由发生事故的企业负直接责任的人员负法律责任。( )

6. 车间主任的安全职责中，包含对新工人的车间安全教育。( )

7. 《工伤保险条例》是为了保障因工作遭受事故伤害或者患职业病的职工获得医疗救治和经济补偿，促进工伤职工康复，分散用人单位的工伤风险而制定。( )

8. 安全生产是安全与生产的统一，其宗旨是安全促进生产，生产必须安全。( )

9. 有人低压触电时，应该立即将他拉开。( )

10. 电器熔丝熔断，可以用铜线或铁丝代替。( )

11. 电工是特种作业人员。( )

12. 低压配电系统中装设漏电保护器后，就可以保证安全，不用采取其他防止电击和电气设备损坏事故的技术措施了。( )

13. 施工现场低压电力线路网可不必采用两级漏电保护系统，而高压电力线路必须采用两级漏电保护系统。( )

14. 运转中的机械设备对人的伤害主要有撞伤、压伤、轧伤、卷缠等。( )

15. 机器保护罩的主要作用是使机器较为美观。( )

16. 机床上所安装的安全防护装置主要是用于防止物件进入机器里面。( )

17. 工人操作机械时穿着的“三紧”工作服是指袖口紧、领口紧、下摆紧。( )

18. 为了取用方便，手用工具应放置在工作台边缘。( )

19. 发现有人被机械伤害的情况时，虽及时紧急停车，但因设备惯性作用，仍可造成伤亡。( )

20. 车工可以戴手套操作。( )

21. 在剪切作业时，光线强度、湿度变化都能影响作业的安全。( )

22. 在金属冷加工中经常发生烫伤事件。( )

23. 工人操作刨床时，应该站在工作台的前面。( )

24. 手持电动工具的电源线可以根据需要接长或拆换。( )

25. 手持电动工具电源线上的插头可以任意拆除或调换。( )

26. 手持电动工具在梅雨季节前应及时进行检查。( )

27. 手持电动工具的防护罩可以拆卸。( )

28. 钻孔时，当钻头快要钻穿工件时，应该加快钻头下降速度以迅速钻透。( )

29. 在锻造过程中，及时清除锻件、锤子和冲头的毛刺是为了使锻件更为美观。( )

30. 焊接与切割中使用的氧气胶管和乙炔胶管可以混用。( )

三、选择题

1. 我国安全生产工作的基本方针是（ ）。

A. 安全生产重于泰山　　B. 安全第一、以人为本

C. 安全第一、重在预防　　D. 安全第一、预防为主

2. 工伤保险是国家通过立法手段保证实施的，对在工作过程遭受人身伤害的职工或家属提供补偿的一种（　　）。

A. 优惠措施　　B. 社会福利

C. 强制实行措施　　D. 安全保障制度

3. 以下关于接触有毒物工人作业规定的说法正确的是（　　）

A. 每天必须将工作服洗净，否则不得上岗

B. 不准在作业场所吸烟、吃东西

C. 下班回家后立即洗澡

D. 防尘口罩、防毒面具等个人防护用品用后即弃，不得回收使用

4. 我国作业场的职业的监督检查工作由（　　）负责；职业卫生法律法规、协作标准的拟定，职业病预防、保健、检查和救治的规范工作由（　　）负责。

A. 国家卫生和计划生育委员会、中国疾病预防控制中心

B. 国家卫生和计划生育委员会、国家标准化管理委员会

C. 安全生产监督管理部门、卫生部门

D. 中华人民共和国应急管理部、国家标准化管理委员会

5. 安全管理中的（　　）是指损失控制，包括对人的不安全行为，物的不安全状态的控制。

A. 核心　　B. 基础　　C. 重点　　D. 控制

6. 事故调查处理应当实事求是、尊重科学、依据（　　）的原则，及时、准确地查清事故原因、查明事故责任、总结事故教训，提出整改措施，并对事故责任者提出处理意见。

A. “五同时”　　B. “三不放过”

C. “三同时”　　D. “四不放过”

7. 三级安全教育制度是企业安全教育的基本教育制度，三级教育是指（　　）。

A. 入厂教育、车间教育和岗位（班组）教育

B. 低级、中级、高级教育

C. 预备级、普及级、提高级教育

8. 造成事故的根本原因是（　　）。

A. 危险、危害因素　　B. 风险　　C. 麻痹大意　　D. 管理不善

9. “安全第一”的基本含义是：当安全与生产发生矛盾时，（　　）。

A. 生产必须服从安全

B. 生产的同时必须做好安全工作

C. 安全与生产力协调发展

D. 安全服从生产

10. 安全科学技术教育包括（　　）两部分。

A. 科学理论知识和安全技术知识教育

B. 安全技术知识和安全技能教育

C. 安全技能和实际生产操作技能教育

D. 科学理念知识和生产操作技术教育

11. 特种作业是指容易发生伤亡事故，对（　　）和周围设施的安全有重大危害的作业。

A. 周围职工　　B. 操作者本人、他人

C. 多人造成危害　　D. 操作者

12. 安全与效益之间关系（　　）。

A. 安全是效益的前提，效益是安全的保证

B. 效益是安全的基础，安全是效益的目标

C. 效益第一，安全第二

D. 安全是效益的保证，效益是安全的目标

13. 认真开展安全生产检查是安全管理的一项重要内容，是依靠广大职工发现生产中（　　）的有效途径。

A. 各种事故隐患　　B. 设备不安全状态

C. 不安全状态和不安全行为　　D. 人的不安全行为

14. 安全生产责任制是根据（　　）的原则，对企业各级领导和各类人员明确地规定了在生产中应负的安全责任。

A. 谁主管谁负责　　B. 人人管安全

C. 纵向到底、横向到边　　D. 管生产必须管安全

15. 安全生产检查是发现不安全状态和不安全行为的有效途径，是（　　）、防止伤亡事故发生、改善劳动条件的重要手段。

A. 落实整改措施　　B. 消除事故隐患

C. 消除事故隐患、落实整改措施　　D. 有效的监督措施

16. 安全生产企业负责的内涵是：负行政责任；负技术责任；负（　　）。

A. 法律责任　　B. 经济责任　　C. 管理责任　　D. 社会责任

17. 企业安全管理的内容主要包括：行政管理、技术管理和（　　）。

A. 安全经费管理　　B. 工业卫生管理

C. 现场管理　　D. 伤亡事故管理

18. 发生火灾逃生时经过充满烟雾的路线，应（　　）。

A. 采用口罩、毛巾捂鼻　　B. 加速奔跑撤离

C. 匍匐撤离　　D. 屏住呼吸冲过烟雾区

19. 采用口对口人工呼吸法急救时，吹气频率一般为成人（　　）每分钟。
A. 16～18 次　　B. 20～22 次　　C. 10～12 次　　D. 25 次左右
20. 由于电击、窒息或其他原因所致心搏骤停时，应使用（　　）进行急救。
A. 口对口人工呼吸法　　B. 胸外心脏挤压法
C. 口对鼻人工呼吸法　　D. 剧烈摇晃法
21. 下列哪种伤害不属于机械伤害的范围？（　　）
A. 夹具不牢固导致物件飞出伤人
B. 金属切屑飞出伤人
C. 红眼病
22. 在未做好以下哪项工作以前，千万不要开动机器？（　　）
A. 通知主管
B. 检查过所有安全护罩是否安全可靠
C. 机件擦洗
23. 手用工具不应放在工作台边缘是因为（　　）。
A. 取用不方便
B. 会造成工作台超过负荷
C. 工具易坠落伤人
24. 在下列哪种情况下，不可进行机器的清洗工作？（　　）
A. 没有安全员在场　　B. 机器在开动中
C. 没有操作手册
25. 机床工作结束后，应最先做哪些安全工作？（　　）
A. 清理机床　　B. 关闭机床电器系统和切断电源
C. 润滑机床
26. 所有机器的危险部分，应（　　）来确保工作安全。
A. 标上机器制造商标牌
B. 涂上警示颜色
C. 安装合适的安全防护装置
27. 机器防护罩的主要作用是（　　）。
A. 使机器较为美观
B. 防止发生操作事故
C. 防止机器受到损坏
28. 下列哪些情况不属于违章作业？（　　）
A. 高处作业穿硬底鞋　　B. 任意拆除设备上的照明设施
C. 特种作业持证者独立进行操作　　D. 非岗位人员任意在危险区域内逗留
29. 从业人员有权对本单位安全生产工作中存在的问题提出批评、检举和控告；有权拒绝（ ）和强令冒险作业。

A. 违章作业 B. 工作安排 C. 违章指挥

30. 操作机械设备时，操作工人要穿“三紧”工作服，“三紧”工作服是指（ ）紧、领口紧和下摆紧。

A. 袖口 B. 腰部 C. 裤腿

31. 机械设备操作前要进行检查，首先进行（ ）运转。

A. 实验 B. 空车 C. 实际

32. 操作转动的机器设备时，不应佩戴（ ）。

A. 戒指 B. 手套 C. 手表

33. （ ）不须经技术培训考试合格后持证上岗。

A. 起重工 B. 电工 C. 清洁工

34. （ ）不宜用来制作机械设备的安全防护装置。

A. 金属板 B. 木板 C. 金属网

35. 急救电话是（ ）。

A. 122 B. 120 C. 121

36. 如果在密闭场所使用内燃机，工人应采取（ ）措施免受危害。

A. 佩带防尘口罩 B. 排放废气，远离密闭场所 C. 打开电扇吹风

37. 机械运转中严禁（ ），操作时不准戴手套。（多项选择题）

A. 维修保养 B. 加油 C. 清理 D. 调整 E. 紧固

38. 四不放过的内容包括（ ）。（多项选择题）

A. 事故原因没有查清楚不放过 B. 没有采取防范措施不放过

C. 对责任人未罚款不放过 D. 未停工整改不放过

39.《中华人民共和国安全生产法》规定的安全生产管理方针是（ ）。

A. 安全第一，预防为主

B. 安全为了生产，生产必须安全

C. 安全生产，人人有责

40. 从业人员经过安全教育培训，了解岗位操作规程，但未遵守而造成事故的，行为人应负（ ）责任，有关负责人应负管理责任。

A. 领导 B. 管理 C. 直接

41. 安全监察是一种带有（ ）的监督。

A. 强制性 B. 规范性 C. 自觉性

42. 工人有权拒绝（ ）的指令。

A. 违章作业 B. 班组长 C. 安全人员

43. 参加工伤保险的员工负伤致残所需的假肢、轮椅配置及更新费用由（ ）支付。

A. 社会保险机构 B. 企业 C. 员工自己 D. 社会

44. 《中华人民共和国消防法》在何时实施，全国消防宣传日是（　　）。
A. 1998 年 1 月 19 日　　B. 1998 年 11 月 9 日
C. 1999 年 1 月 19 日　　D. 1999 年 11 月 9 日
45. 当设备发生碰壳漏电时，人体接触设备金属外壳所造成的电击称作（　　）。
A. 直接接触电击　　B. 间接接触电击
C. 静电电击
46. 家用电器在使用过程中，下列说法（　　）不正确。
A. 禁止用湿手操作开关或插拔电源插头
B. 不能用湿手更换灯泡
C. 不必切断电源，即移动器具
47. 从防止触电的角度来说，绝缘、屏护和间距是防止（　　）的安全措施。
A. 电磁场伤害　　B. 间接接触电击
C. 静电电击　　D. 直接接触电击
48. 凡在坠落高度基准面（　　）米以上（含）有可能坠落的高处进行的作业，称为高处作业。
A. 2m　　B. 3m　　C. 5m
49. 把电气设备正常情况下不带电的金属部分与电网的保护零线进行连接，称作（　　）。
A. 保护接地　　B. 保护接零　　C. 工作接地　　D. 工作接零
50. 高处作业时，工具应随手（　　）。
A. 放置稳妥　　B. 放在就近的可靠地方　　C. 放入工具袋
51. 触电事故中，（　　）是导致人身伤亡的主要原因。
A. 人体接受电流遭到电击　　B. 烧伤
C. 电休克
52. 任何电气设备在未验明无电之前，一律认为（　　）。
A. 有电　　B. 无电　　C. 可能有电，也可能无电
53. 对电击所致的心搏骤停病人实施胸外心脏挤压法，应该每分钟挤压（　　）次。
A. 60 ~ 80　　B. 70 ~ 90　　C. 80 ~ 100
54. 工作台，机床上使用的局部照明灯，电压不得超过（　　）。
A. 47V　　B. 110V　　C. 36V
55. 触电事故中，绝大部分是（　　）导致人身伤亡。
A. 人体接受电流遭到电击　　B. 烧伤
C. 电休克
56. 金属切削过程中最有可能发生（　　）。
A. 中毒　　B. 触电事故　　C. 眼睛受伤事故
57. 工人操作机械设备时，穿紧身适合工作服的目的是防止（　　）。

A. 着凉　　B. 被机器转动部分缠绕

C. 被机器弄污

58. 机械设备起动前，必须首先（　　）。

A. 拆除安全防护装置　　B. 进行安全检查

C. 做负荷试验

59. 如果被生锈铁钉割伤，可能导致（　　）。

A. 肠热病　　B. 伤风病　　C. 破伤风

60. 下列哪项物品在操作旋转机床时不能佩戴？（　　）

A. 手套　　B. 眼镜　　C. 帽子

61. 下列哪种操作是不正确的？（　　）

A. 戴褐色眼镜从事电焊

B. 操作机床时，戴防护手套

C. 借助推木操作剪切机

62. 下列哪项操作对长发者的危险最小？（　　）

A. 纺纱机　　B. 车床　　C. 计算机

63. 刚刚车削下来的切屑有较高的温度，可以达到（　　）℃，极易引起烫伤。

A. 500　　B. 600～700　　C. 800～1000

64. 带状屑不仅能划伤工件表面、损坏刀具，而且极易伤人，故常采用（　　）的方法将其折断成粒状、半环状、螺旋状等。

A. 在车床上安装防护挡板　　B. 脆铜卷屑车刀

C. 断屑

65. 车削细长工件时，为保证安全应采用（　　）或跟刀架。

A. 顶尖　　B. 卡盘　　C. 中心架

66. 操作砂轮时，下列哪项是不安全的？（　　）

A. 操作者站在砂轮的正面操作

B. 使用前检查砂轮有无破裂和损伤

C. 用力均匀磨削

67. 下列哪项是铸工操作时不需要的？（　　）

A. 保持操作场所干燥　　B. 操作前对工具进行预热

C. 正面看着冒口操作

68. 以下对剪切机的操作规定，（　　）是错误的。

A. 操作前要进行空车试转

B. 操作前，为保证准确，应用手直接帮助送料

C. 电动机不准带负荷驱动，开车前应将离合器拖开

69. 需两人以上操作的大型机床，必须确定（　　），由其统一指挥，互相配合。

A. 主操作人员 B. 技术人员 C. 维修人员

70. 在（ ）的情况下，不可进行机器的维修工作。

A. 没有安全员在场 B. 机器开动中 C. 没有操作手册

71. 冷冲压加工生产中最容易发生（ ）伤害事故。

A. 断指 B. 绞伤 C. 烫伤

72. 在冲压机械中，人体受伤部位最多的是（ ）。

A. 手和手指 B. 脚 C. 眼睛

73. 在剪切作业中，影响安全的因素有（ ）。

A. 光线强度 B. 湿度变化 C. 以上两项都能影响

74. 下列关于使用锉刀的说法中（ ）不正确。

A. 工件必须夹持紧固

B. 锉屑要用软质毛刷清除

C. 锉削时要在锉刀上涂油

75. 带锯机锯割作业中，操作人员可以（ ）。

A. 调整导轨 B. 调整锯床 C. 用木棍清理工作台面上的碎木

76. 下列关于铣削工作的说法（ ）不正确。

A. 工人应穿紧身工作服 B. 女同志要戴防护帽

C. 操作时要戴手套

77. 如果工作场所潮湿，为避免触电，使用手持电动工具的人应（ ）。

A. 站在铁板上操作 B. 站在绝缘胶板上操作

C. 穿防静电鞋操作

78. 手持电动工具应至少（ ）检查一次。

A. 每月 B. 每季 C. 每年 D. 每半年

79. 当操作打磨工具时，必须使用以下哪类个人防护用具?（ ）

A. 围裙 B. 防潮服 C. 护眼罩

80. 安全带是进行机械高处作业人员预防坠落伤亡的个体防护用品，安全带的正确使用方法是（ ）。

A. 低挂高用 B. 高挂低用

C. 水平挂用 D. 勾挂牢靠，挂位不受限制

81. 下列哪种操作是不正确的（ ）。

A. 戴褐色眼镜从事电焊

B. 操作机床时，戴防护手套

C. 借助推木操作剪切机械

82. 进行电焊、气焊等具有火灾危险的作业人员和自动消防系统的操作人员，必须持证上岗，并严格遵守（ ）操作规程。

A. 消防安全　　B. 特种作业安全

C. 电、气焊安全操作规程

83. 焊工在金属容器内、地下、地沟或狭窄、潮湿等处施焊时，要设（　　）。

A. 监护人员　　B. 安全人员

C. 技术人员　　D. 专职人员

84. 液化石油气管道的日常管理是每（　　）检查一次管道的连接件，每（　　）检查一次管道的腐蚀情况。

A. 年　　B. 月、日　　C. 日、月　　D. 日、年

85. 氧气仓库周围（　　）m 内不准堆放易燃易爆物品和动用明火。

A. 200　　B. 20　　C. 5　　D. 10

86. 乙炔瓶储存间不能配置（　　）灭火器。

A. 干粉　　B. 二氧化碳　　C. 四氯化碳

87. 为了（　　），在贮存和使用易燃液体的区域必须要有良好的通风。

A. 防止易燃气体积聚而发生爆炸和火灾

B. 冷却易燃液

C. 保持易燃液体的质量

88. 乙炔储存间与明火或散发火花地点的距离，不得小于（　　）m。

A. 5　　B. 10　　C. 30　　D. 15

89. 检查燃气用具是否漏气时，通常采用（　　）来寻找漏气点。

A. 用火试　　B. 肥皂水　　C. 闻气味

90. 液化石油气钢瓶属于（　　）。

A. 高压气瓶　　B. 中压气瓶　　C. 低压气瓶　　D. 常温气瓶

91. 气瓶的瓶体有肉眼可见的凸起（鼓包）缺陷的，应（　　）。

A. 维修处理　　B. 报废处理　　C. 改造使用

92. 灭火器应（　　）检查一次。

A. 半年　　B. 一年　　C. 一年半　　D. 两年

93. 建筑物内发生火灾，应该首先（　　）。

A. 立即停止工作，通过指定的最近的安全通道离开

B. 乘坐电梯离开

C. 向高处逃生

94. 火灾使人致命的最主要原因是（　　）。

A. 被人践踏　　B. 窒息　　C. 烧伤

95. 在电焊作业的工作场所不能设置的防火器材是（　　）。

A. 干粉灭火器　　B. 干砂　　C. 水

96. 各种气瓶的存放，必须距离明火（　　）m 以上，避免阳光曝晒。

A. 5　　B. 8　　C. 10　　D. 15

97. 电焊机的电源开关应采用（　　）。

A. 手动开关　　B. 自动开关

98. 以下几种逃生方法哪种是不正确的？（　　）

A. 用湿毛巾捂着嘴巴和鼻子　　B. 弯着身子快速跑到安全地点

C. 躲在床底下，等待消防人员救援　　D. 马上从最近的消防通道跑到安全地点

99. 油脂接触纯氧发生燃烧属于（　　）。

A. 闪燃　　B. 着火　　C. 本身自燃　　D. 受热自燃

100. 在易燃易爆场所作业不得穿戴（　　）。

A. 尼龙工作服　　B. 棉布工作服　　C. 防静电服　　D. 耐高温鞋

四、案例分析题

1. 小尚是一名车工，同时也是一个年轻漂亮的姑娘。这天，她穿着新买的皮凉鞋，披着新染的长发，高高兴兴的去厂里上班。一看时间快来不及了，她便直接来到了车间，打开了机床。刚准备干活，看看自己精心护理的纤纤玉手，小美赶紧找出一双手套戴上。干着活，小美发现机器有一点脏，她赶忙用抹布擦了擦。过了一会儿，旁边的同事芳芳看见小尚的新发型不错，就问她是在哪儿做的，两人聊了一阵发型和时装。时间过得很快，眼看就要下班了，小美停下机床，做了清理和润滑，然后切断电源，便和芳芳一同下班了。

请指出尚小美的哪些行为是错误的？

2. 某厂有机械加工车间、喷漆车间、锅炉房以及厂内油库等。机械加工车间有加工机械 7 台（套），额定起重量 2.5t 的升降机 1 台，额定其重量为 1.5t、提升高度为 2m 的起重机 1 台，叉车 2 台。喷漆车间有调漆室、喷漆室、油漆临时储藏室、人员休息室等。锅炉房有 2 台出口水压为 0.4MPa（表压）、额定出水温度为 149℃、额定功率为 28MW 的锅炉。厂内油库有 3t 的汽油储罐 1 个及其他配套的加油设备。某日 7 时 30 分（8 时正式上班），机械加工车间起重工小李做好了起吊准备，在其他人未到场的情况下开始了吊装作业。7 时 45 分，小陈进入机械加工车间，未走行人通道进入吊装作业区，被起吊的钢件撞成重伤，小李慌忙停止吊运。

根据以上场景：

1）指出该厂可能发生爆炸的设备场所。

2）简要写出此次事故的事故原因及安全对策措施。

五、论述题

1. 假如你是企业领导，你会如何教育加强职工“安全第一，预防为主”的安全知识。

2. 假如你是企业职工，请你结合自己的工作岗位论述应该注意的安全生产规程。

综合练习答案

一、填空题

1. 违章　违章　2. 第一　3. 移动　切断电源　擅自修理　电工　4. 切断电源　水或泡沫灭火器　5. 关掉电源　6. “有人工作，严禁合闸”　7. 工作服　工作帽　8. 工件或刀具　9. 装夹牢固　10. 工件、刀具　11. 钩子　12. 离开工作岗位　13. 电气设备　14. 牢固　接长套筒　15. 牢固　1.5 倍　16. 中心架或跟刀架　17. 等高　18. 防护服　戴手套　防护眼镜　19. 托架　20. 整齐、清洁　稳妥　21. 直接用手握住　22. 慢慢　用力太大　23. 手套　拿　吹　24. 停机　钻头　测量尺寸　25. 牢固　松动　26. 切屑　27. 电源总开关　28. 装卸　调整　29. 不能使用　30. 不准站人　侧面　31. 移交使用　32. 摸拭　33. 砂轮转动　34. 防护门　35. 岗位　36. 急停按钮　37. 工作服　戴手套　38. 修改、删除　39. 技术教育　管理　40. 安全起动　机械防护　自动保护　41. 思想集中　42. 专用工具　上模和下模之间　43. 停车进行应急处理　44. 切断电源　上模　下模　45. 安全保护装置　46. 空转 2～3min　47. 按钮或踏板　48. 取放工件　49. 统一指挥　协调配合好　50. 装置失灵　设备运转　51. 装正　松紧适当　52. 专人负责　53. 检查砂轮质量　54. 撞击砂轮　禁止　55. 安全电压　56. 绝缘鞋　绝缘手套　57. 严禁焊接　58. 可燃易燃物　59. 安全技术培训　60. 停电　关掉

二、判断题

1. ×	2. √	3. √	4. ×	5. √	6. √	7. √	8. √
9. ×	10. ×	11. √	12. ×	13. ×	14. √	15. ×	16. ×
17. √	18. ×	19. √	20. ×	21. √	22. √	23. ×	24. ×
25. ×	26. √	27. ×	28. ×	29. ×	30. ×		

三、选择题

1. D	2. C	3. B	4. C、A	5. A	6. A	7. A	8. A
9. A	10. B	11. B	12. D	13. C	14. B	15. C	16. C
17. B	18. A	19. A	20. B	21. C	22. B	23. C	24. B
25. B	26. C	27. B	28. C	29. C	30. A	31. B	32. B
33. C	34. B	35. B	36. B	37. ABCDE	38. AB	39. A	40. C
41. A	42. A	43. A	44. B	45. A	46. C	47. D	48. A

49. B	50. C	51. A	52. A	53. A	54. C	55. A	56. C
57. B	58. B	59. C	60. A	61. B	62. C	63. B	64. C
65. C	66. A	67. C	68. B	69. A	70. B	71. A	72. A
73. C	74. C	75. C	76. C	77. B	78. C	79. C	80. B
81. B	82. A	83. A	84. D	85. B	86. C	87. A	88. B
89. B	90. A	91. B	92. B	93. A	94. B	95. C	96. C
97. B	98. C	99. C	100. A				

四、案例分析题

略

五、论述题

略

参 考 文 献

［1］ 李孜军，吴超. 企业安全管理知识问答［M］. 2版. 北京：中国劳动社会保障出版社，2004.

［2］ 朱兆华，郭振龙. 焊工安全技术［M］. 北京：化学工业出版社，2005.

［3］ 王明明. 机械安全技术［M］. 北京：化学工业出版社，2004.

［4］ 石金声. 电镀工安全技术［M］. 北京：化学工业出版社，2004.

［5］ 陈家芳. 机械工人基础技术［M］. 上海：上海科学技术出版社，2005.

［6］ 邱言龙，李文林，王兵. 车工入门［M］. 2版. 北京：机械工业出版社，2008.